工作导向创新实践教材

基于ARM9的小型机器人制作

谭立新　主　编
刘　锰　副主编

電子工業出版社
Publishing House of Electronics Industry
北京 · BEIJING

内 容 简 介

《基于ARM9的小型机器人制作》以"嵌入式探月小车设计开发"为主线，通过"项目导向、任务驱动"编撰，全书分为三个部分：Linux基础及环境搭建，ARM开发板硬件基础，嵌入式Linux的应用开发。共包括9个项目：Linux基础及环境搭建（项目1）；ARM开发板硬件基础（项目2）；嵌入式Linux的应用开发（项目3～项目9）。每个项目从项目描述、教学目标、知识准备、任务实现、考核评价、拓展提高六个方面来组织编写。

本书可作为高等职业院校嵌入式系统工程、应用电子技术、电子信息工程技术、电子工艺与管理、电子设备与运行管理、玩具设计与制作及自动控制等专业的教材，也可供广大从事嵌入式领域的科研和工程技术人员参考使用，还可作为嵌入式培训班的授课教材或参考书。

图书在版编目（CIP）数据

基于ARM9的小型机器人制作/谭立新主编．—北京：电子工业出版社，2011.11
工作导向创新实践教材
ISBN 978-7-121-14820-0

Ⅰ．①基…　Ⅱ．①谭…　Ⅲ．①小型机器人－制造－高等职业教育－教材　Ⅳ．①TP242

中国版本图书馆CIP数据核字（2011）第209980号

策划编辑：王昭松
责任编辑：王昭松　　特约编辑：徐　岩
印　　刷：
装　　订：三河市鑫金马印装有限公司
出版发行：电子工业出版社
北京市海淀区万寿路173信箱　邮编：100036
开　　本：787×980　1/16　　印张：15.25　　字数：332千字
印　　次：2011年11月第1次印刷
印　　数：3000册　　定价：30.00元

前　言

随着信息化、智能化、网络化的发展，嵌入式技术将全方面展开，已成为通信和消费类产品的发展方向。嵌入式系统分别在硬件和软件（主要是嵌入式操作系统）方面获得发展，已成为 IT 界的又一焦点，研发自主知识产权的嵌入式处理器和嵌入式操作系统，对于我们国家的民族 IT 产业具有十分重要的战略意义。

通用计算机工业的基础被认为是由 Wintel（Microsoft 和 Intel 在 20 世纪 90 年代初建立的联盟）垄断的工业，而嵌入式系统是分散的工业，充满了竞争、机遇和创新，嵌入式系统领域的产品和技术，留给各个行业的中小规模高技术公司的创新余地非常大，各个应用领域不断向前发展，其中的嵌入式处理器核心也同步发展，构成了推动嵌入式工业发展的强大动力。

PC 行业	硬件	80%采用 Intel 的 80X86 体系结构，芯片基本采用 Intel、AMD、Cyrix 等几家公司
	软件	Microsoft 的 Windows 及 Word 占领了大约 80%～90%的市场份额
嵌入式行业	硬件	嵌入式处理器 70%～80%采用 ARM 体系结构，其他的还有 MIPS、PowerPC、SH 等
	软件	根据美国 VDC 统计数据显示，未来两年将占嵌入式操作系统市场份额的 50%

Linux 开放原始码及其模块化的设计，为用户提供了极大限度的可缩放功能。嵌入式 Linux 操作系统以价格低廉、功能强大又易于移植的优势被广泛采用，成为新兴的力量，以 Linux 为代表的免费软件开始占领比较大的市场，嵌入式操作系统及其研发平台的市场被普及计算（Pervasive-Computing）概念所驱动，发展更为迅速，嵌入式 CPU 是嵌入式系统的核心，拥有自己的嵌入式 CPU 和支撑硬件是发展自主产权嵌入式系统的前提和基础。操作系统是软件产业的基础和龙头，它能左右软件产业的发展方向，是世界软件产业最大的利润来源。研制自主版权的嵌入式操作系统意义重大，它可使中国的 IT 行业真正走向成熟和自立。

以 ARM 为核心的硬件平台开发小型机器人，具有体积小、低功耗、低成本、高性能等优势，同时配以以嵌入式 Linux 为代表的免费软件开发小型机器人，一是不需要任何的许可证或商家的合作关系，源代码可以免费获得，这使得采用 Linux 作为操作系统不会遇到任何关于版权的纠纷；二是标准平台上的移植加快了软件与硬件的开发过程，并且开发人员可以对操作系统进行定制，适应其特殊需要，这对于经费、时间受限制的研究与开发项目是很有吸引力的。以 ARM 和嵌入式 Linux 开发小型机器人代表了嵌入式技术的基本技术，也是通信和消费类电子产品的典型代表，符合高职高专院校教学改革的需求及人才培养定位和发展趋势。

现有高职院校的专业教材很多都是按照知识体系编写的，重理论、轻实践，重原理、轻应用或者根本与实践无关。学生学习了一个学期，不知道这个知识在实践中有什么作用，为什么要学习，与今后的工作有什么联系，以及如何应用等。本书探索了回归工程教学的教材编写思路，要求是按照项目设计制作或者工作过程展开，将学科知识融入到项目或者产品的制作过程中，回归到人类认识自然的本原方式，典型工程案例的实践过程按照“任务驱动”的模式组织，通过“实践—归纳—推理—再实践”这一螺旋式上升的方法获取系统的科学知识和实践技能，回归到科学知识和实践技能获取的自然过程，并将企业的“6S”考核体系融入到教学考核评价中。将嵌入式探月小车作为典型工程案例编写教材，培养学生职业能力，这是本书的主要探索，也是本书的主要特色。教材每个项目主要包括以下几个组成部分。

① **项目描述**。介绍该项目的工程实践应用与技术要求及其实现的主要技术关键；介绍案例与课程的联系与技术要点及职业要求。

② **教学目标**。从知识、能力、态度等方面介绍各项目的教学目标，包括方法能力、专业能力、社会能力以及团队合作等。

③ **知识准备**。实现项目设计制作所必需的知识，不求知识的完整性与全面性，以“必需、够用”为度。

④ **任务实现**。任务实现所需的材料、场地、技术资料、实现的步骤、相关的技术要求、现场要求、工艺与技术文件的撰写等。

⑤ **考核评价**。对学生作品的质量评价、技术评价、职业素养评价、完成过程评价的评分标准。

⑥ **拓展提高**。让学生学会触类旁通、举一反三，学生知识的迁移，技能的强化，职业能力的拓展等。

本书由工业和信息产业职业教育教学指导委员会电子信息类专业教学指导委员会副主任委员、湖南省高等学校教学名师、湖南信息职业技术学院信息工程系主任谭立新教授担任主编，谭立新教授提出了本书编写的基本思路，提供了智能嵌入式探月小车的原始技术资料，并撰写了项目 3；湖南信息职业技术学院信息工程系刘锰讲师任副主编，参与开发了嵌入式探月小车的技术工作，整理了智能嵌入式探月小车的技术资料，撰写了项目 1 和项目 2，并协助进行了统稿工作；湖南信息职业技术学院信息工程系罗坚工程师和肖成老师主要参与了嵌入式探月小车的技术开发工作，并撰写了项目 4 和项目 5；湖南信息职业技术学院信息工程系李平安讲师主要参与了嵌入式探月小车的技术开发工作，并与长沙航空职业技术学院航空电子电气工程系主任朱国军副教授撰写了项目 6；湖南信息职业技术学院信息工程系邓知辉讲师、张家界航空职业技术学院电气工程系主任胡良君副教授撰写了项目 7；湖南信息职业技术学院计算机工程系汪淼湘讲师参与了嵌入式探月小车的技术开发工作，并与湖南科技经贸职业学院电子信息学院副院长何美生副教授撰写了项目 8；湖南信息职业技术学院信息工程系罗坚工程师和娄底职业技术学院信息工程系教研室主任李和平副教授撰写了项目 9；

湖南信息职业技术学院信息工程系教学主任吴再华副教授和湖南信息职业技术学院教研室主任李雪东高级实验师撰写了附录A、附录B和附录C。

《基于ARM9的小型机器人制作》是典型的嵌入式教材，可以作为嵌入式系统工程、应用电子技术、电子信息工程技术、电子工艺与管理、电子设备与运行管理、玩具设计与制作等专业的教材，也可供嵌入式领域的科研和工程技术人员参考使用。

本书共分为三部分，各部分内容如下。

第一部分 Linux基础及环境搭建。从Linux的安装过程、基本操作命令开始，系统地介绍了嵌入式Linux的环境搭建，为Linux初学者能够快速入门提供了保证。

第二部分 ARM开发板硬件基础。结合ARM开发板硬件的具体实验介绍嵌入式Linux的I/O与文件系统的开发、进程控制开发、进程间通信开发、网络应用开发、基于中断的开发、设备驱动程序的开发，以及嵌入式图形界面的开发等，使读者能够边学边用，更快更好地学会ARM开发板的应用。

第三部分嵌入式Linux的应用开发。根据典型工程项目及具体外设介绍嵌入式小型机器人的运动、通信及控制等功能的实现，使读者能够边学边用，更快更好地掌握所学知识，并能灵活应用。

《基于ARM9的小型机器人制作》主要得到了以下基金项目的资助：湖南省职业教育“十一五”重点建设项目——应用电子技术精品专业（湘教发〔2007〕41号）；湖南省职业院校教育教学改革研究项目（重点）——基于系列产品驱动的专业教育教学研究与实践（项目编号：ZJDA2009004）；工业和信息产业职业教育教学指导委员会教学项目——基于智能电子产品的系列教材开发与实践（项目编号：HZW2010-108）。本书选取的典型工程项目——嵌入式探月小车控制软件V1.0版已获计算机软件著作权（登记号：2010SR069123）。

《基于ARM9的小型机器人制作》得到了工业和信息产业职业教育教学指导委员会、电子工业出版社的指导与大力支持，并得到了中科鸥鹏科技有限公司秦志强博士的指导和湖南科瑞特科技有限公司张玉希高级工程师的支持，同时也凝聚了湖南省众多兄弟院校的支持与帮助。在此一并表示感谢！

编　者

2011年7月15日

目 录

项目 1　软件环境搭建与配置

1.1　项目描述

本项目的主要学习内容包括：安装 VMware 软件，在虚拟机上安装 RedHat Linux 操作系统和掌握 Linux 下的常用命令；安装并配置 arm-linux-gcc 交叉编译环境，安装 VMwaretools 及超级终端的配置和 NFS 的配置。

1.2　教学目标

通过此项目让学生学会如何安装 VMware 软件，如何在 VMware 上安装 RedHat Linux 操作系统，如何安装 VMwaretools，如何安装配置 arm-linux-gcc 交叉编译环境并正确输出路径变量，如何进行超级终端的配置和 NFS 的配置，如何实现 Windows 和 Linux 文件的共享，以及掌握 Linux 下的常用命令。通过此项目的安装配置练习，使学生充分理解和掌握 VMware 工具的使用和 Linux 下交叉编译工具的安装配置，以及宿主机和开发板之间的连接的建立。通过此项目全面提高学生的实际动手能力，掌握 Linux 下解压安装命令、输出路径变量的配置和项目初期的开发环境搭建，从而让学生学习对不同软件的安装和使用，掌握项目初期的环境搭建与配置。

1.3　知识准备

需要掌握的知识有：VMwaretools 的使用，实现 Windows 和 Linux 文件共享，Linux 下 cp、tar 命令的使用，以及 profile 脚本文件的修改。特别注意的是 tar、cp 命令的使用。

tar 命令用来创建压缩包和释放压缩包。

例如，释放压缩包。

```
tar -zxvf 文件名.tar.gz
```

将文件名.tar.gz 解压安装到当前文件夹下，其中–zxvf 分别为：

–x　从归档文件中解出文件；

–v　处理过程中输出相关信息；

–f　对普通文件操作；

–z　调用 gzip 来压缩归档文件，与–x 连用时调用 gzip 完成解压缩。

cp 命令是复制，将指定的源文件复制到指定的目标文件中。如果目标文件已存在，将覆盖原来内容，但相关的方式、所有者和组不改变。

源文件的最后访问时间和目标文件的最后修改时间设置为复制进行的时间。如果目标文件不存在，cp 将创建一个新文件，命名与源文件相同。

例 1　复制一个目录下的所有文件到一个新目录，输入：

```
cp/home/janet/clients/* /home/nick/customers
```

这样只复制 clients 目录下的文件到 customers 目录。

例 2　复制一个目录包括其所有的文件和子目录到另一个目录，输入：

```
cp -R /home/nick/clients /home/nick/customers
```

注：目录不能复制到目录本身。

这样将复制 clients 目录，包括所有文件、子目录和那些子目录中的文件到 customers/clients 目录。

例 3　复制一个特殊的文件集合到另一个目录，输入：

```
cp jones lewis smith /home/nick/clients
```

这样将复制当前工作目录的 jones、lewis 和 smith 文件到 /home/nick/clients 目录。

例 4　要使用模式匹配字符来复制文件，输入：

```
cp programs/*.c .
```

这样将复制 programs 目录下，以.c 结尾的文件到当前目录，表示为单个“.”（点号）。必须在 c 和最后的点号间输入一个空格。

1.4　任务实现

1.4.1　安装 VMware Workstation

（1）双击安装程序，进入 VMware Workstation 安装向导界面，如图1-1 所示。

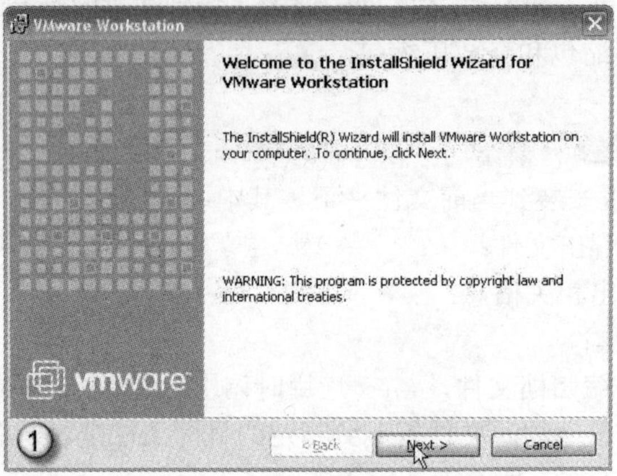
VMware Workstation
Welcome to the InstallShield Wizard for VMware Workstation
The InstallShield(R) Wizard will install VMware Workstation on your computer. To continue, click Next.
WARNING: This program is protected by copyright law and international treaties.
vmware
1
< Back
Next >
Cancel

图 1-1　VMware Workstation 安装向导界面

（2）选择“Yes，I accept…”，界面如图1-2所示。

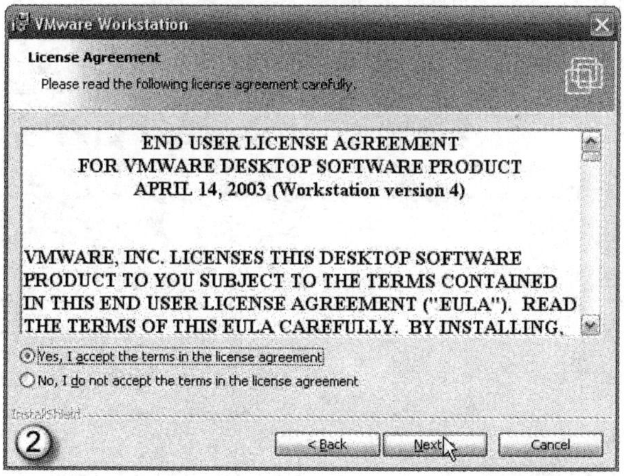
VMware Workstation
License Agreement
Please read the following license agreement carefully.
END USER LICENSE AGREEMENT
FOR VMWARE DESKTOP SOFTWARE PRODUCT
APRIL 14, 2003 (Workstation version 4)
VMWARE, INC. LICENSES THIS DESKTOP SOFTWARE PRODUCT TO YOU SUBJECT TO THE TERMS CONTAINED IN THIS END USER LICENSE AGREEMENT ("EULA"). READ THE TERMS OF THIS EULA CAREFULLY. BY INSTALLING,
Yes, I accept the terms in the license agreement
No, I do not accept the terms in the license agreement
InstallShield
2
< Back
Next
Cancel

图1-2　VMware Workstation 许可协议选择界面

（3）单击“Next”按钮，将 VMware Workstation 安装在默认的路径下，界面如图1-3所示。

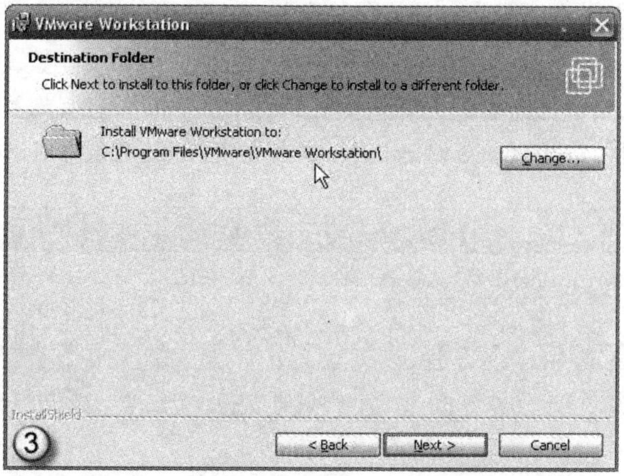
VMware Workstation
Destination Folder
Click Next to install to this folder, or click Change to install to a different folder.
Install VMware Workstation to:
C:\Program Files\VMware\VMware Workstation\
Change...
InstallShield
3
< Back
Next >
Cancel

图1-3　VMware Workstation 安装路径选择界面

（4）确定无误后单击“Install”，界面如图1-4所示。

（5）如果主机操作系统开启了光驱自动运行功能，安装向导弹出提示框，提示光驱的自动运行功能将影响虚拟机的使用，询问是否要关闭此项功能，此时选择“是”，关闭主机的此项功能，如图1-5所示。

（6）安装完毕时向导弹出提示，询问是否对以前安装过的老版本 VMware Workstation

进行搜索，并提示了 3.0 版本或更新版本之间的不兼容性，如果是第一次安装 VMware Workstation，选择“NO”，界面如图1-6所示。

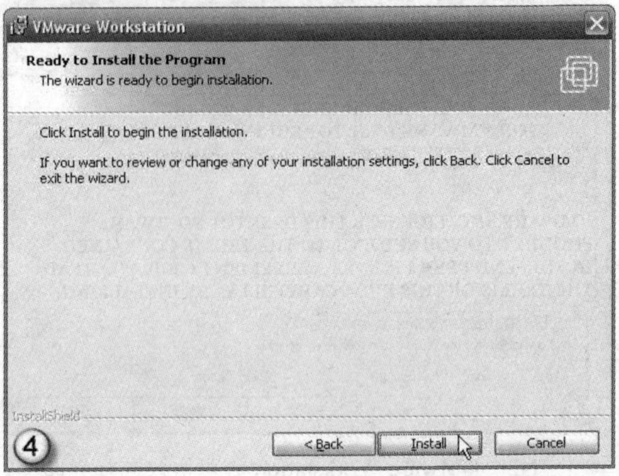
VMware Workstation
Ready to Install the Program
The wizard is ready to begin installation.
Click Install to begin the installation.
If you want to review or change any of your installation settings, click Back. Click Cancel to exit the wizard.
InstallShield
4
< Back
Install
Cancel

图 1-4　VMware Workstation 安装确认界面

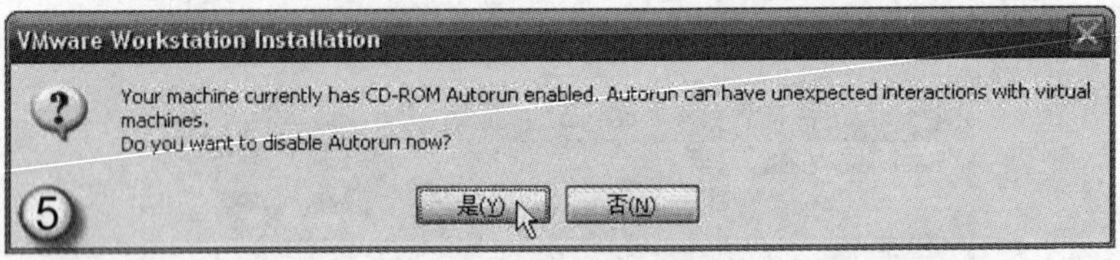
VMware Workstation Installation
Your machine currently has CD-ROM Autorun enabled. Autorun can have unexpected interactions with virtual machines.
Do you want to disable Autorun now?
5
是(Y)
否(N)

图 1-5　VMware Workstation 禁止光驱自动运行选择对话框

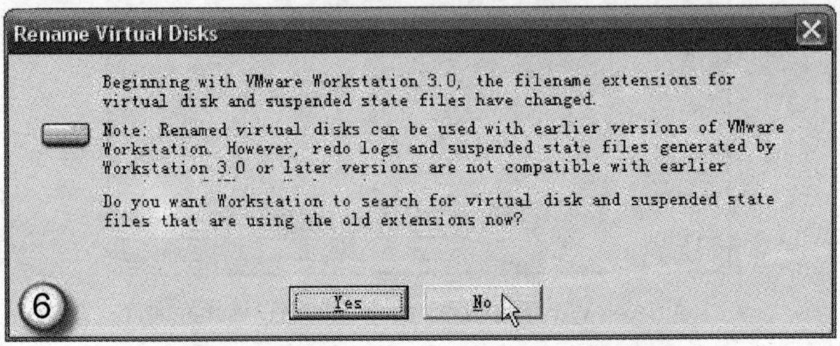
Rename Virtual Disks
Beginning with VMware Workstation 3.0, the filename extensions for virtual disk and suspended state files have changed.
Note: Renamed virtual disks can be used with earlier versions of VMware Workstation. However, redo logs and suspended state files generated by Workstation 3.0 or later versions are not compatible with earlier
Do you want Workstation to search for virtual disk and suspended state files that are using the old extensions now?
6
Yes
No

图 1-6　是否安装过 VMware Workstation 对话框

（7）安装向导提示安装成功，安装完成界面如图1-7所示。

（8）安装完成后，软件提示必须重新启动计算机系统才能正确配置软件和使用软件。重启计算机界面如图1-8所示。

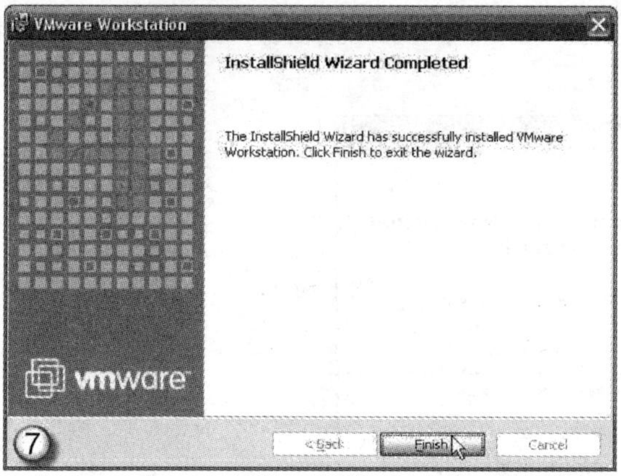
VMware Workstation
InstallShield Wizard Completed
The InstallShield Wizard has successfully installed VMware Workstation. Click Finish to exit the wizard.
vmware
7
< Back
Finish
Cancel

图 1-7　VMware Workstation 安装完成界面

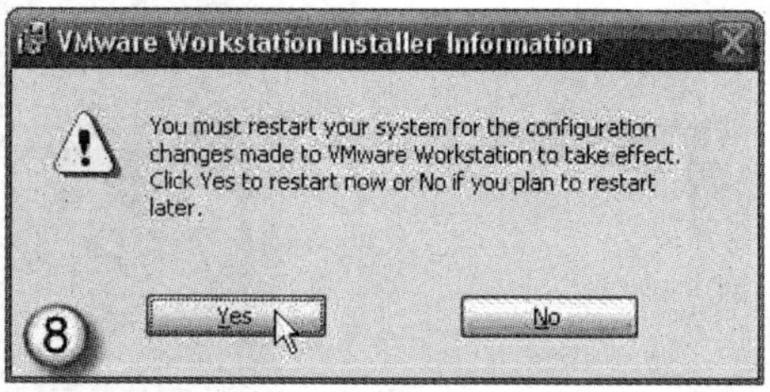
VMware Workstation Installer Information
You must restart your system for the configuration changes made to VMware Workstation to take effect. Click Yes to restart now or No if you plan to restart later.
8
Yes
No

图 1-8　重启计算机界面

1.4.2　在虚拟机上安装 RedHat Linux 操作系统

虚拟机上安装 RedHat Linux 操作系统需以下几个步骤。

（1）建好虚拟机后双击虚拟机图标，出现 VMware Workstation 启动界面，如图1-9所示。

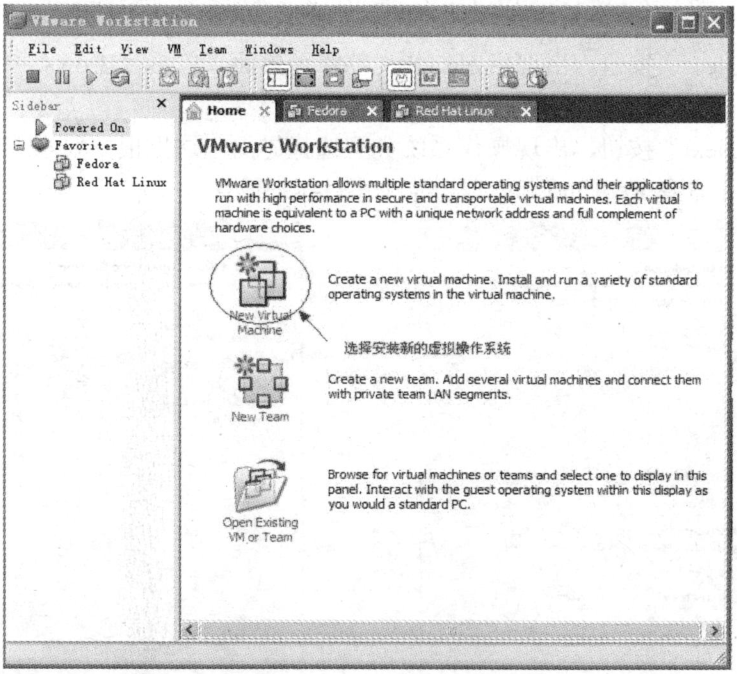
VMware Workstation
File Edit View VM Team Windows Help
Sidebar
Powered On
Favorites
Fedora
Red Hat Linux
Home
Fedora
Red Hat Linux
VMware Workstation
VMware Workstation allows multiple standard operating systems and their applications to run with high performance in secure and transportable virtual machines. Each virtual machine is equivalent to a PC with a unique network address and full complement of hardware choices.
New Virtual Machine
Create a new virtual machine. Install and run a variety of standard operating systems in the virtual machine.
选择安装新的虚拟操作系统
New Team
Create a new team. Add several virtual machines and connect them with private team LAN segments.
Open Existing VM or Team
Browse for virtual machines or teams and select one to display in this panel. Interact with the guest operating system within this display as you would a standard PC.

图 1-9　VMware Workstation 启动界面

（2）单击选择安装新的虚拟机操作系统，如图 1-9 所示，出现安装向导界面，选择使用推荐的典型安装，如图1-10所示。

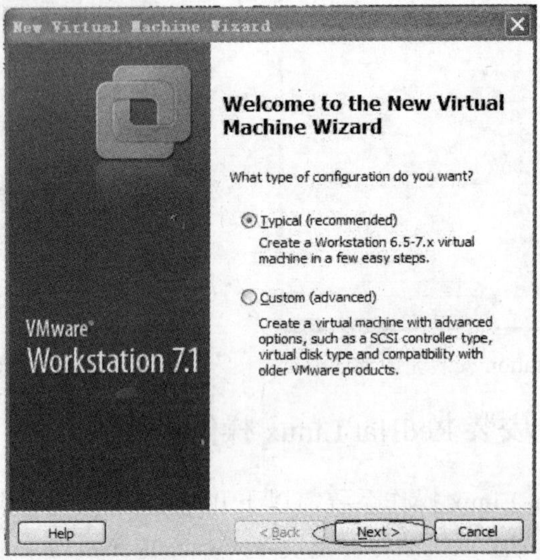
New Virtual Machine Wizard
Welcome to the New Virtual Machine Wizard
What type of configuration do you want?
Typical (recommended)
Create a Workstation 6.5-7.x virtual machine in a few easy steps.
Custom (advanced)
Create a virtual machine with advanced options, such as a SCSI controller type, virtual disk type and compatibility with older VMware products.
VMware®
Workstation 7.1
Help
< Back
Next >
Cancel

图 1-10　VMware Workstation 虚拟操作系统安装类型选择对话框

（3）单击“Next”按钮，出现指定安装文件路径界面，单击“Browse…”按钮，找到下载的 RedHat Linux 的 ISO 安装文件，界面如图1-11 所示。

（4）单击“Next”按钮，出现操作系统类型选择界面，这里根据要求选择 Linux 系统，在版本下拉菜单中选择 RedHat Linux 版本，如图1-12 所示。

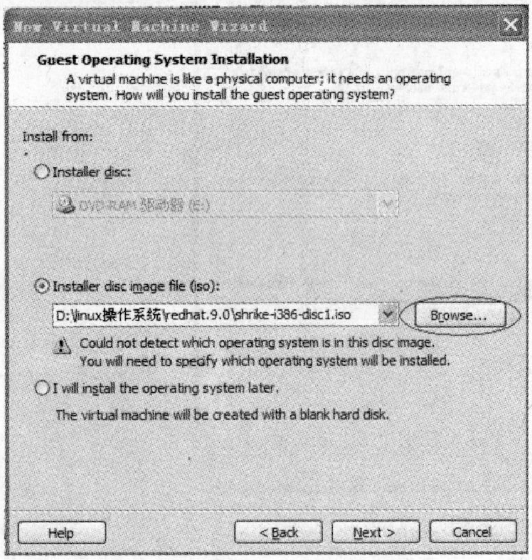
New Virtual Machine Wizard
Guest Operating System Installation
A virtual machine is like a physical computer; it needs an operating system. How will you install the guest operating system?
Install from:
Installer disc:
DVD-RAM 驱动器 (E:)
Installer disc image file (iso):
D:\linux操作系统\redhat.9.0\shrike-i386-disc1.iso
Browse...
Could not detect which operating system is in this disc image.
You will need to specify which operating system will be installed.
I will install the operating system later.
The virtual machine will be created with a blank hard disk.
Help
< Back
Next >
Cancel

图 1-11　安装 RedHat Linux 的 ISO 映像文件选择界面

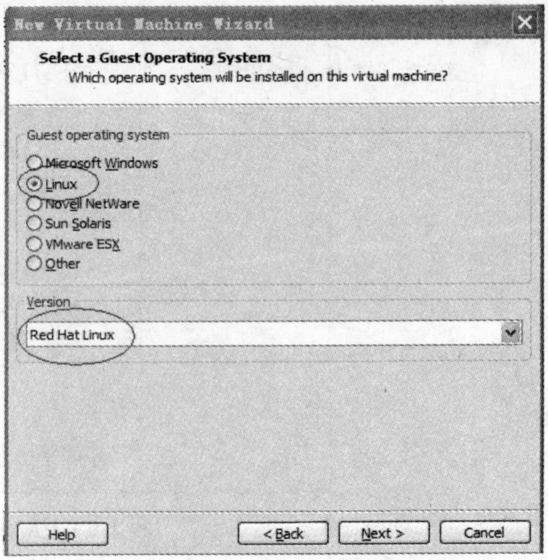
New Virtual Machine Wizard
Select a Guest Operating System
Which operating system will be installed on this virtual machine?
Guest operating system
Microsoft Windows
Linux
Novell NetWare
Sun Solaris
VMware ESX
Other
Version
Red Hat Linux
Help
< Back
Next >
Cancel

图 1-12　操作系统类型选择界面

（5）单击“Next”按钮，出现测试媒体界面，在如图1-13所示的测试媒体界面单击“Skip”按钮，选择跳过（不跳过也可以，但是比较慢）。

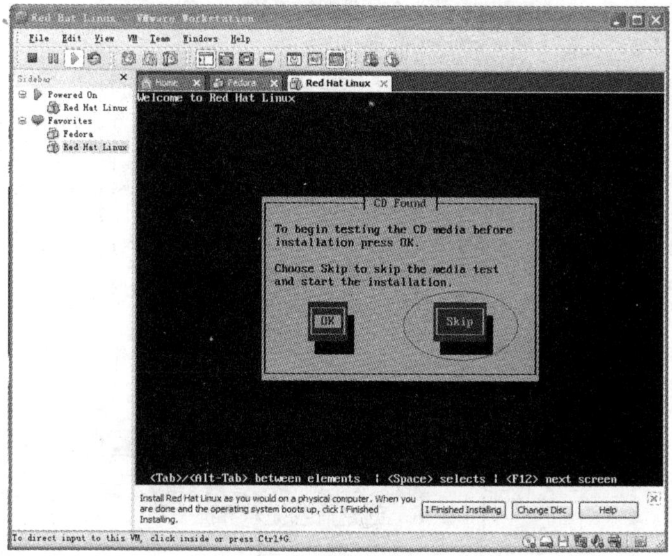
Red Hat Linux - VMware Workstation
File Edit View VM Team Windows Help
Sidebar
Powered On
Red Hat Linux
Favorites
Fedora
Red Hat Linux
Home
Fedora
Red Hat Linux
Welcome to Red Hat Linux
CD Found
To begin testing the CD media before installation press OK.
Choose Skip to skip the media test and start the installation.
OK
Skip
<Tab>/<Alt-Tab> between elements | <Space> selects | <F12> next screen
Install Red Hat Linux as you would on a physical computer. When you are done and the operating system boots up, click I Finished Installing.
I Finished Installing
Change Disc
Help
To direct input to this VM, click inside or press Ctrl+G.

图 1-13　测试媒体界面

（6）出现选择操作系统安装目录界面，选择安装目录，单击选择路径按键，并在弹出的提示框中选择安装存放路径，如图 1-14 所示。

（7）单击“Next”按钮，出现选择磁盘设置界面，在这里设置好安装磁盘大小，如图 1-15 所示。

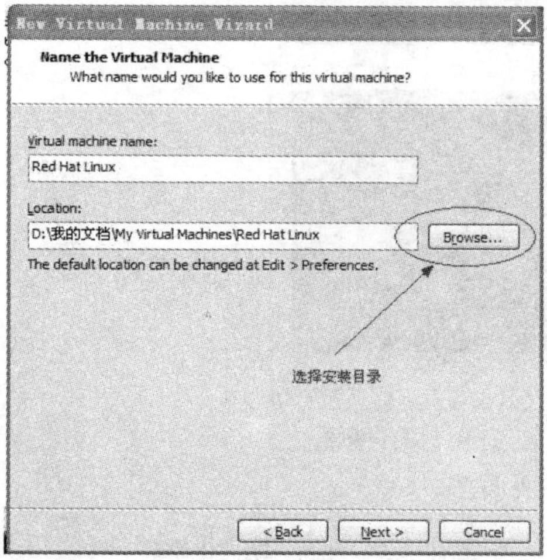
New Virtual Machine Wizard
Name the Virtual Machine
What name would you like to use for this virtual machine?
Virtual machine name:
Red Hat Linux
Location:
D:\我的文档\My Virtual Machines\Red Hat Linux
Browse...
The default location can be changed at Edit > Preferences.
选择安装目录
< Back
Next >
Cancel

图 1-14　虚拟操作系统安装位置选择界面

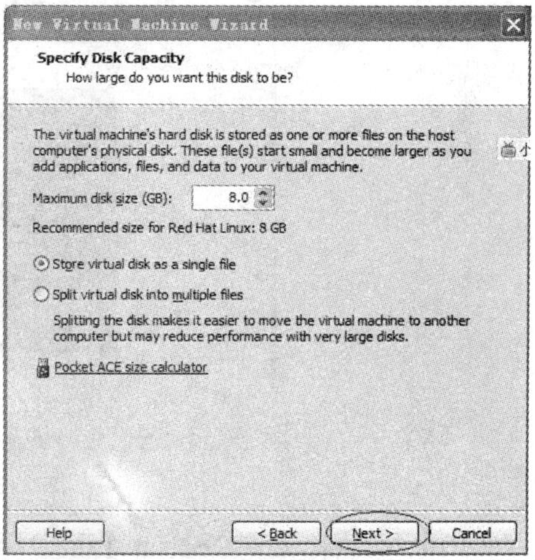
New Virtual Machine Wizard
Specify Disk Capacity
How large do you want this disk to be?
The virtual machine's hard disk is stored as one or more files on the host computer's physical disk. These file(s) start small and become larger as you add applications, files, and data to your virtual machine.
Maximum disk size (GB): 8.0
Recommended size for Red Hat Linux: 8 GB
Store virtual disk as a single file
Split virtual disk into multiple files
Splitting the disk makes it easier to move the virtual machine to another computer but may reduce performance with very large disks.
Pocket ACE size calculator
Help
< Back
Next >
Cancel

图 1-15　虚拟磁盘容量设置界面

（8）单击“Next”按钮，出现创建信息提示界面，直接单击“Finish”按钮，如图 1-16 所示，如果想改动某些信息，单击“Back”按钮返回上一步。

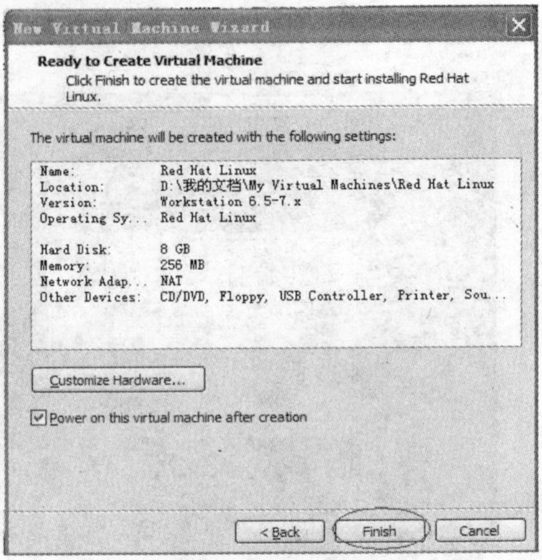
New Virtual Machine Wizard
Ready to Create Virtual Machine
Click Finish to create the virtual machine and start installing Red Hat Linux.
The virtual machine will be created with the following settings:
Name: Red Hat Linux
Location: D:\我的文档\My Virtual Machines\Red Hat Linux
Version: Workstation 6.5-7.x
Operating Sy... Red Hat Linux
Hard Disk: 8 GB
Memory: 256 MB
Network Adap... NAT
Other Devices: CD/DVD, Floppy, USB Controller, Printer, Sou...
Customize Hardware...
Power on this virtual machine after creation
< Back
Finish
Cancel

图 1-16　创建信息提示界面

（9）创建完成的虚拟系统安装界面如图1-17所示。

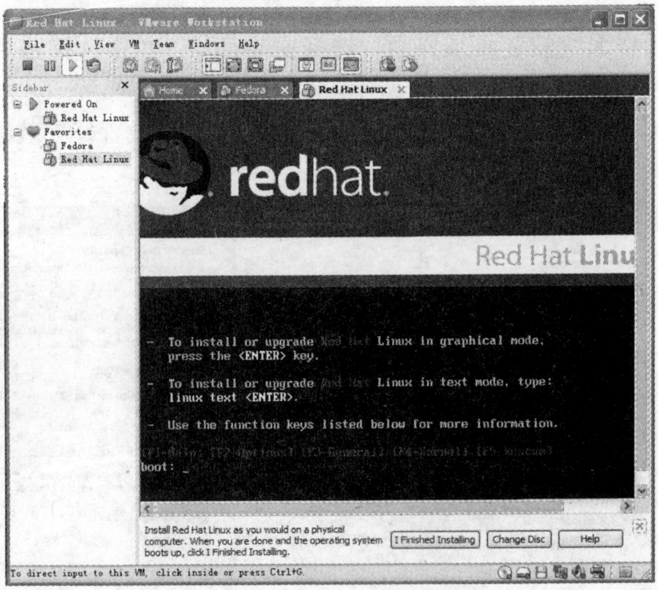
Red Hat Linux - VMware Workstation
File Edit View VM Team Windows Help
Sidebar
Powered On
Red Hat Linux
Favorites
Fedora
Red Hat Linux
Home
Fedora
Red Hat Linux
redhat.
Red Hat Linu
- To install or upgrade Red Hat Linux in graphical mode, press the <ENTER> key.
- To install or upgrade Red Hat Linux in text mode, type: linux text <ENTER>.
- Use the function keys listed below for more information.
boot: _
Install Red Hat Linux as you would on a physical computer. When you are done and the operating system boots up, click I Finished Installing.
I Finished Installing
Change Disc
Help
To direct input to this VM, click inside or press Ctrl+G.

图 1-17　虚拟系统安装界面

（10）接下来安装 RedHat Linux 操作系统，过程基本上都是一路单击“Next”按钮，如图1-18 所示。

图 1-18　RedHat Linux 操作系统安装过程界面

（11）单击“Next”按钮，出现如图1-19所示的语言选择界面，这里选择语言为英语。

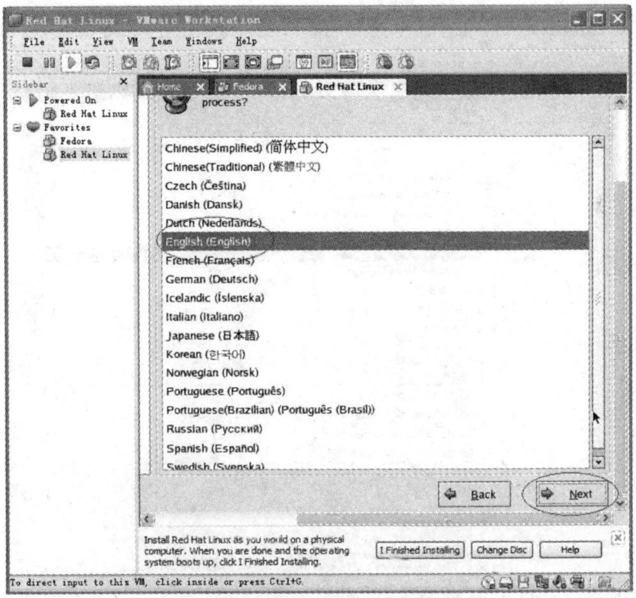

图 1-19　RedHat Linux 操作系统语言选择界面

（12）继续单击“Next”按钮，出现键盘布局选择界面，选择 U.S.English，如图1-20所示。

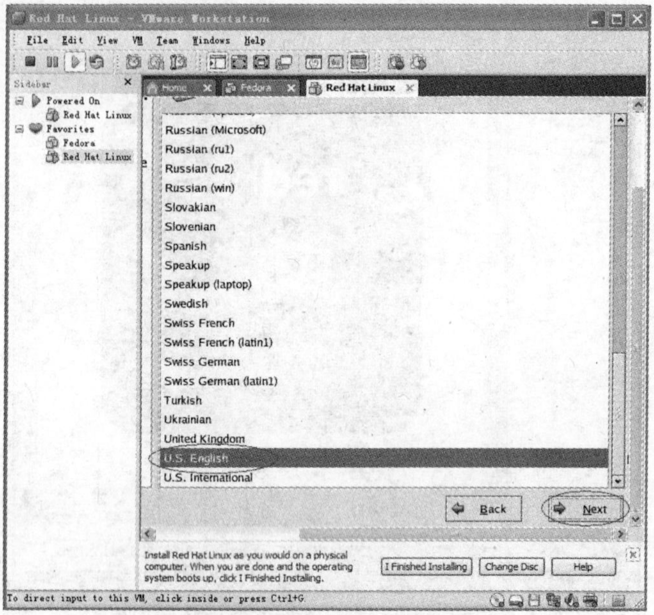

图 1-20 键盘布局选择界面

（13）单击“Next”按钮，出现鼠标选择界面，根据实际使用的鼠标进行选择，如图 1-21 所示。

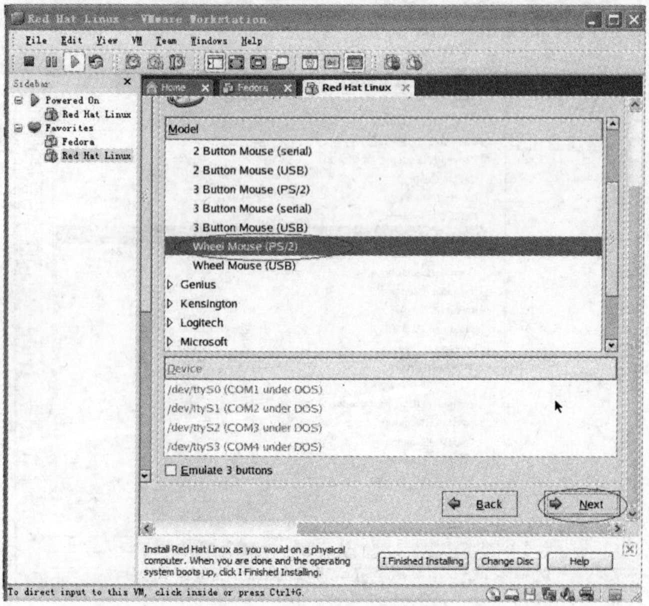

图 1-21 鼠标选择界面

（14）单击“Next”按钮，出现安装类型界面，选择 Personal Desktop，如图1-22所示。

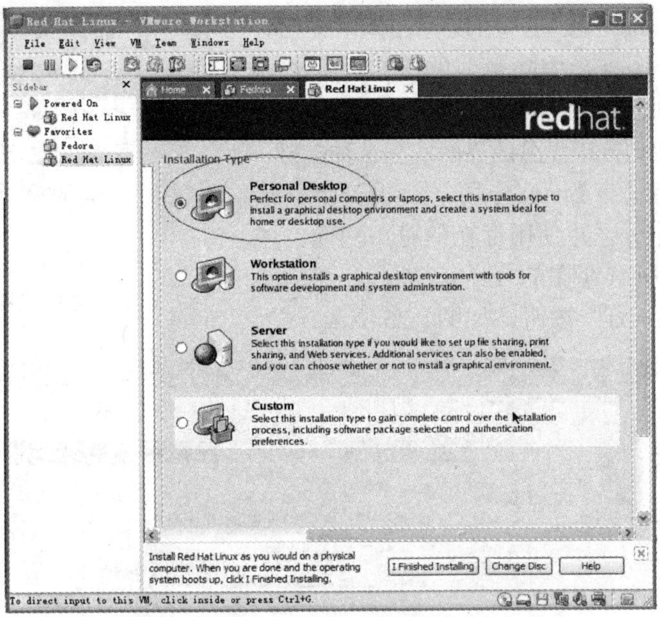
Red Hat Linux - VMware Workstation
File Edit View VM Team Windows Help
Sidebar
Powered On
Red Hat Linux
Favorites
Fedora
Red Hat Linux
Home
Fedora
Red Hat Linux
redhat
Installation Type
Personal Desktop
Perfect for personal computers or laptops, select this installation type to install a graphical desktop environment and create a system ideal for home or desktop use.
Workstation
This option installs a graphical desktop environment with tools for software development and system administration.
Server
Select this installation type if you would like to set up file sharing, print sharing, and Web services. Additional services can also be enabled, and you can choose whether or not to install a graphical environment.
Custom
Select this installation type to gain complete control over the installation process, including software package selection and authentication preferences.
Install Red Hat Linux as you would on a physical computer. When you are done and the operating system boots up, click I Finished Installing.
I Finished Installing
Change Disc
Help
To direct input to this VM, click inside or press Ctrl+G.

图 1-22 RedHat Linux 操作系统安装类型界面

（15）单击“Next”按钮，出现磁盘划分界面，选择自动分盘，如图1-23所示。

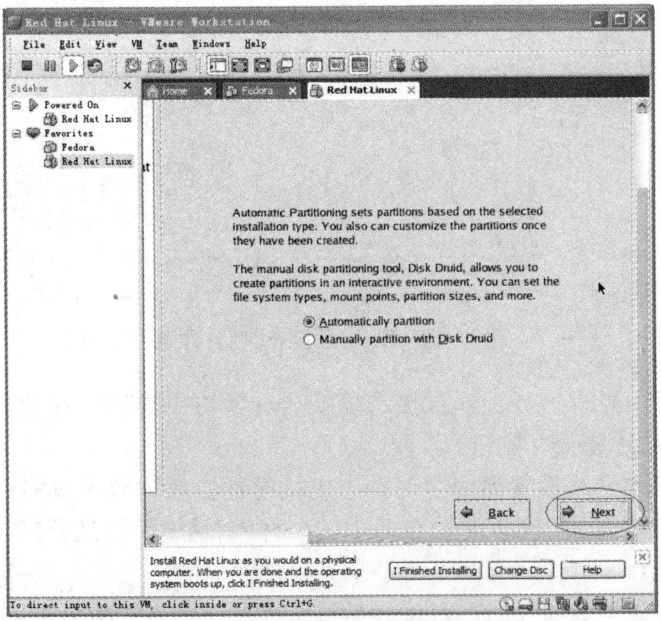
Red Hat Linux - VMware Workstation
File Edit View VM Team Windows Help
Sidebar
Powered On
Red Hat Linux
Favorites
Fedora
Red Hat Linux
Home
Fedora
Red Hat Linux
Automatic Partitioning sets partitions based on the selected installation type. You also can customize the partitions once they have been created.
The manual disk partitioning tool, Disk Druid, allows you to create partitions in an interactive environment. You can set the file system types, mount points, partition sizes, and more.
Automatically partition
Manually partition with Disk Druid
Back
Next
Install Red Hat Linux as you would on a physical computer. When you are done and the operating system boots up, click I Finished Installing.
I Finished Installing
Change Disc
Help
To direct input to this VM, click inside or press Ctrl+G.

图 1-23 RedHat Linux 操作系统磁盘划分界面

（16）单击“Next”按钮，出现警告提示界面，警告初始化新的分区将会擦除之前的所有数据，这里选择“Yes”，如图1-24所示。

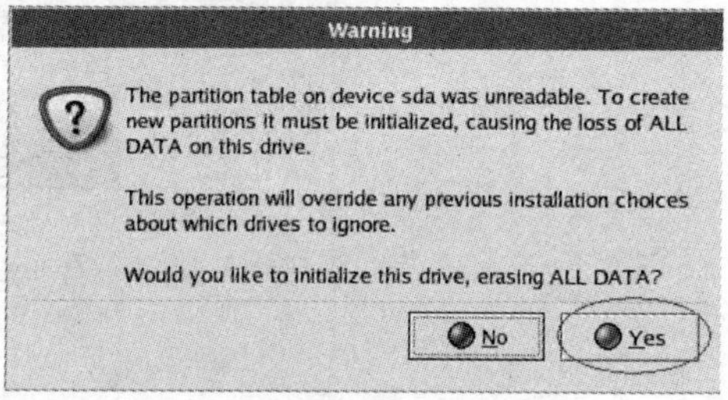
Warning
The partition table on device sda was unreadable. To create new partitions it must be initialized, causing the loss of ALL DATA on this drive.
This operation will override any previous installation choices about which drives to ignore.
Would you like to initialize this drive, erasing ALL DATA?
No
Yes

图1-24 创建分区警告界面

（17）此时出现划分磁盘分区界面，有3种选择，分别是在系统中移除所有Linux分区、在系统中移除所有分区和保持系统中分区并使用存在的可用空间。选择默认选项（移除所有存在的 Linux 划分并建立新的划分）并单击“Next”按钮，如图1-25所示。

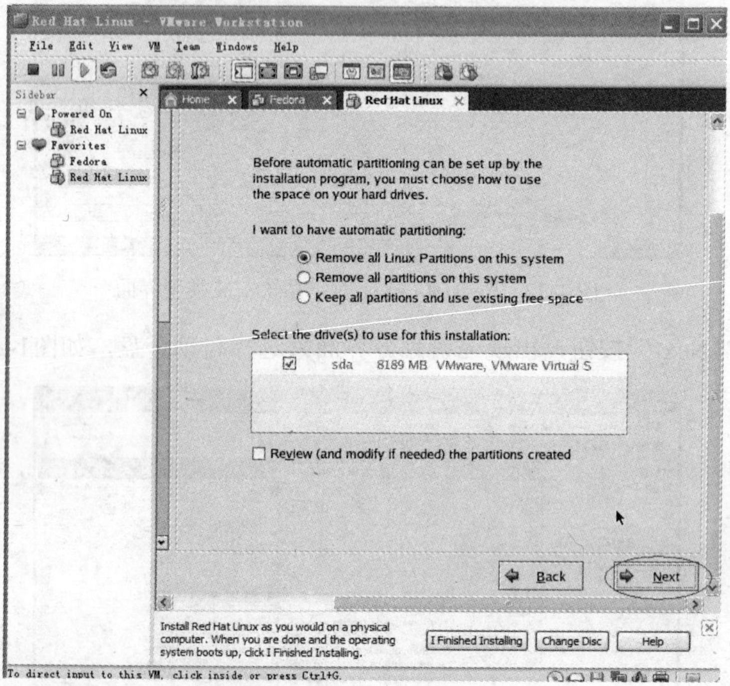
Red Hat Linux - VMware Workstation
File Edit View VM Team Windows Help
Sidebar
Powered On
Red Hat Linux
Favorites
Fedora
Red Hat Linux
Home
Fedora
Red Hat Linux
Before automatic partitioning can be set up by the installation program, you must choose how to use the space on your hard drives.
I want to have automatic partitioning:
Remove all Linux Partitions on this system
Remove all partitions on this system
Keep all partitions and use existing free space
Select the drive(s) to use for this installation:
sda 8189 MB VMware, VMware Virtual S
Review (and modify if needed) the partitions created
Back
Next
Install Red Hat Linux as you would on a physical computer. When you are done and the operating system boots up, click I Finished Installing.
I Finished Installing
Change Disc
Help
To direct input to this VM, click inside or press Ctrl+G.

图1-25 磁盘分区自动划分界面

（18）进入配置引导程序界面，直接选择默认选项将引导程序存放到根文件目录下，如图1-26所示，并单击“Next”按钮。

（19）接下来进入网络设置界面，对动态主机配置协议内容不过多讲述（有兴趣的同学可以自学 TCP/IP，因为它是 TCP/IP 协议簇中的一种），这里直接选择默认选项，单击“Next”按钮，如图1-27所示。

（20）进入网络类型选项界面，直接选择默认选项，单击“Next”按钮，如图1-28所示。

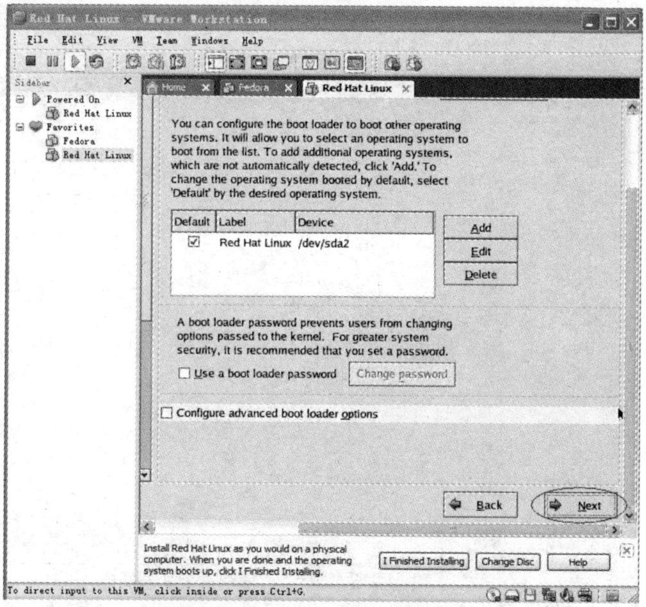
Red Hat Linux - VMware Workstation
File Edit View VM Team Windows Help
Sidebar
Powered On
Red Hat Linux
Favorites
Fedora
Red Hat Linux
Home
Fedora
Red Hat Linux
You can configure the boot loader to boot other operating systems. It will allow you to select an operating system to boot from the list. To add additional operating systems, which are not automatically detected, click 'Add.' To change the operating system booted by default, select 'Default' by the desired operating system.
Default
Label
Device
Red Hat Linux
/dev/sda2
Add
Edit
Delete
A boot loader password prevents users from changing options passed to the kernel. For greater system security, it is recommended that you set a password.
Use a boot loader password
Change password
Configure advanced boot loader options
Back
Next
Install Red Hat Linux as you would on a physical computer. When you are done and the operating system boots up, click I Finished Installing.
I Finished Installing
Change Disc
Help
To direct input to this VM, click inside or press Ctrl+G.

图 1-26　配置引导程序界面

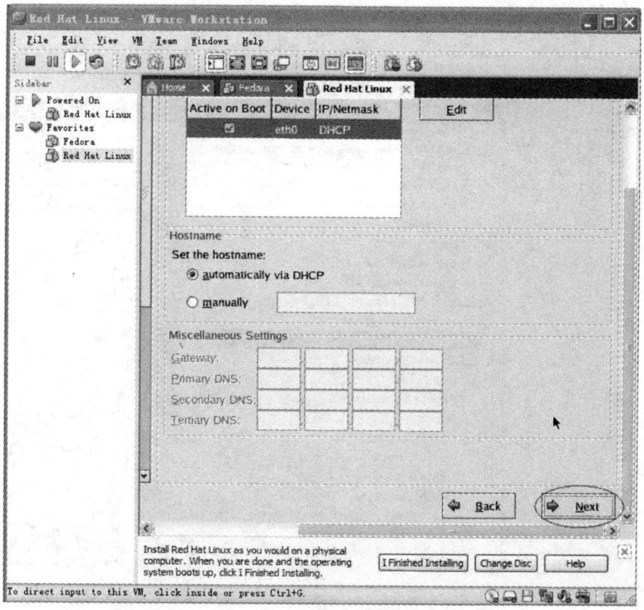
Red Hat Linux - VMware Workstation
File Edit View VM Team Windows Help
Sidebar
Powered On
Red Hat Linux
Favorites
Fedora
Red Hat Linux
Home
Fedora
Red Hat Linux
Active on Boot
Device
IP/Netmask
eth0
DHCP
Edit
Hostname
Set the hostname:
automatically via DHCP
manually
Miscellaneous Settings
Gateway:
Primary DNS:
Secondary DNS:
Tertiary DNS:
Back
Next
Install Red Hat Linux as you would on a physical computer. When you are done and the operating system boots up, click I Finished Installing.
I Finished Installing
Change Disc
Help
To direct input to this VM, click inside or press Ctrl+G.

图 1-27　网络设置界面

（21）选择下一步后进入额外语言添加界面，也是直接选择默认选项，单击“Next”按钮，如图1-29所示。

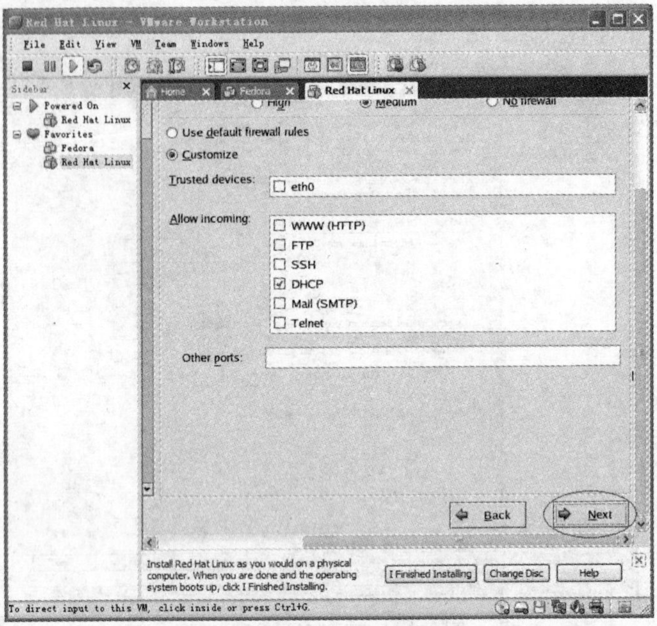

图 1-28　网络类型选项界面

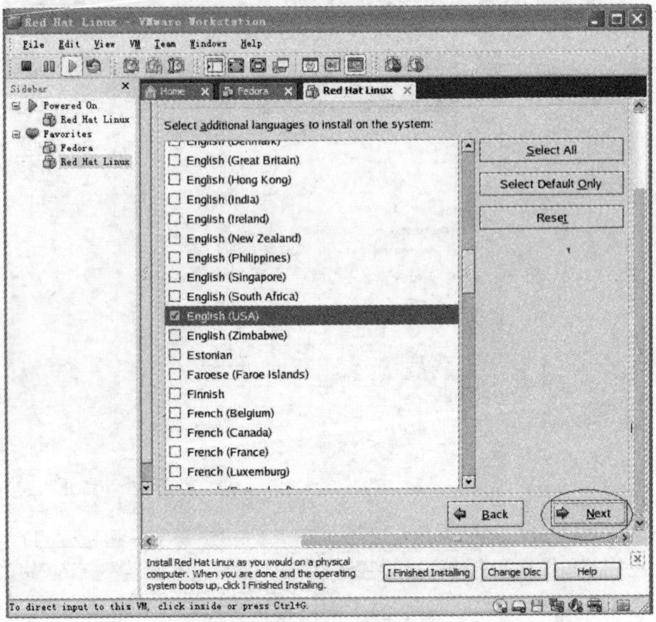

图 1-29　额外语言添加界面

（22）进入时区选择界面，直接选择默认选项，单击“Next”按钮，如图1-30所示。

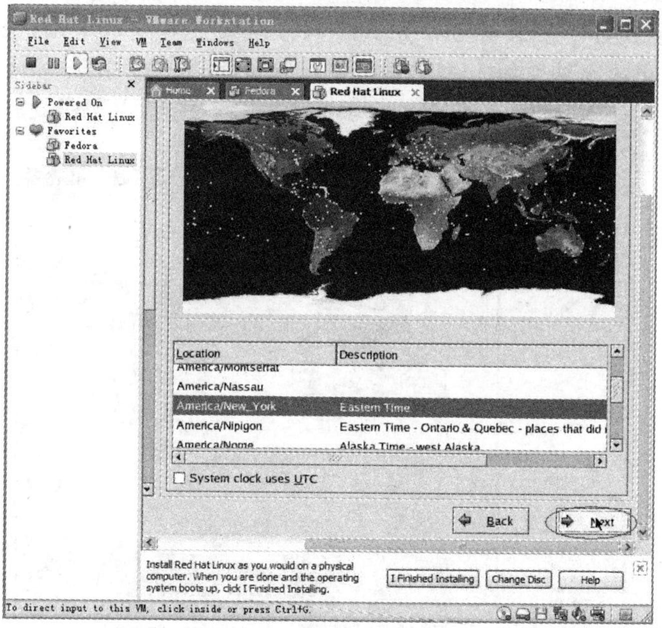

图 1-30 时区选择界面

（23）此时进入用户密码设置及确认界面，设置一个自己熟悉的密码，完毕后单击“Next”按钮，如图1-31所示。

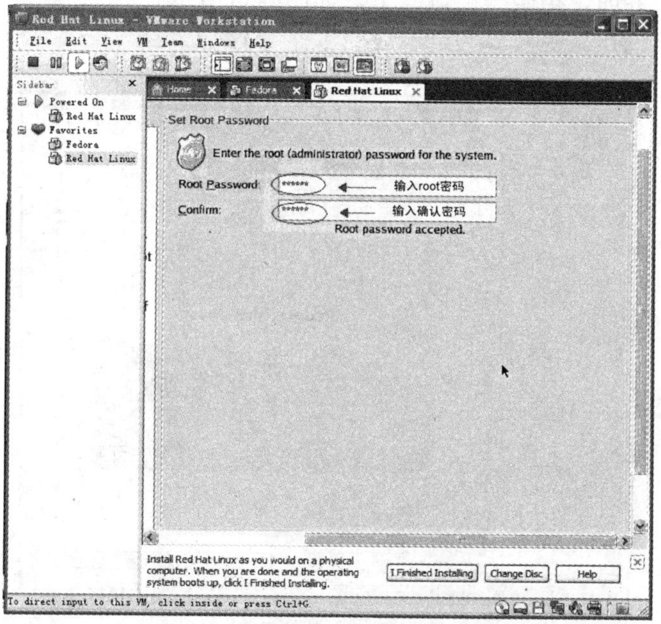

图 1-31 用户密码设置及确认界面

（24）这样就配置好了安装选项，正式进入系统安装界面，单击“Next”按钮，引导程序就会根据先前的配置安装系统。安装设置确认界面如图1-32所示。

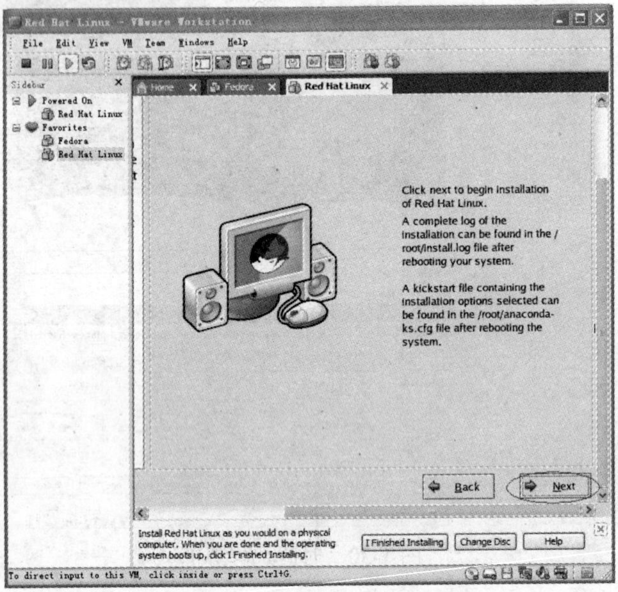
Red Hat Linux - VMware Workstation
File Edit View VM Team Windows Help
Sidebar
Powered On
Red Hat Linux
Favorites
Fedora
Red Hat Linux
Home
Fedora
Red Hat Linux
Click next to begin installation of Red Hat Linux.
A complete log of the installation can be found in the /root/install.log file after rebooting your system.
A kickstart file containing the installation options selected can be found in the /root/anaconda-ks.cfg file after rebooting the system.
Back
Next
Install Red Hat Linux as you would on a physical computer. When you are done and the operating system boots up, click I Finished Installing.
I Finished Installing
Change Disc
Help
To direct input to this VM, click inside or press Ctrl+G.

图1-32 安装设置确认界面

（25）安装进度界面，稍微等候调一下，如图1-33所示。

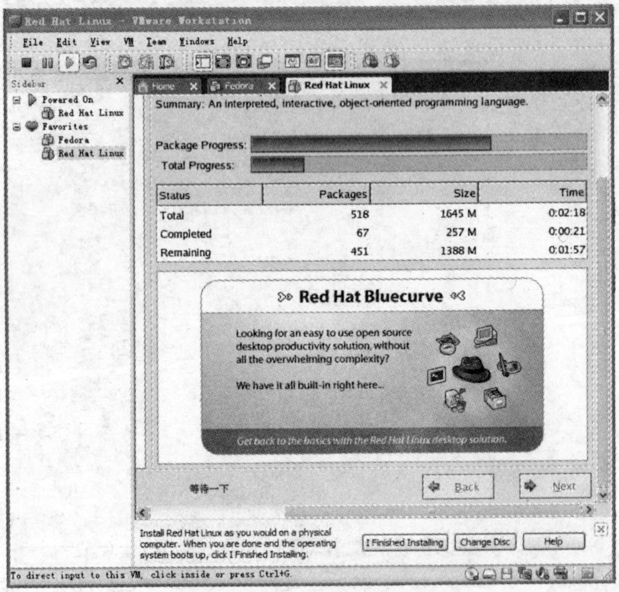
Red Hat Linux - VMware Workstation
File Edit View VM Team Windows Help
Sidebar
Powered On
Red Hat Linux
Favorites
Fedora
Red Hat Linux
Home
Fedora
Red Hat Linux
Summary: An interpreted, interactive, object-oriented programming language.
Package Progress:
Total Progress:
Status
Packages
Size
Time
Total
518
1645 M
0:02:18
Completed
67
257 M
0:00:21
Remaining
451
1388 M
0:01:57
Red Hat Bluecurve
Looking for an easy to use open source desktop productivity solution, without all the overwhelming complexity?
We have it all built-in right here...
Get back to the basics with the Red Hat Linux desktop solution.
等待一下
Back
Next
Install Red Hat Linux as you would on a physical computer. When you are done and the operating system boots up, click I Finished Installing.
I Finished Installing
Change Disc
Help
To direct input to this VM, click inside or press Ctrl+G.

图1.33 安装进度界面

（26）置换安装镜像文件选择“Change Disc”，根据自己存放镜像文件的目录选择第二张镜像文件，选择完毕单击“OK”按钮，如图1-34～图 1-36所示。

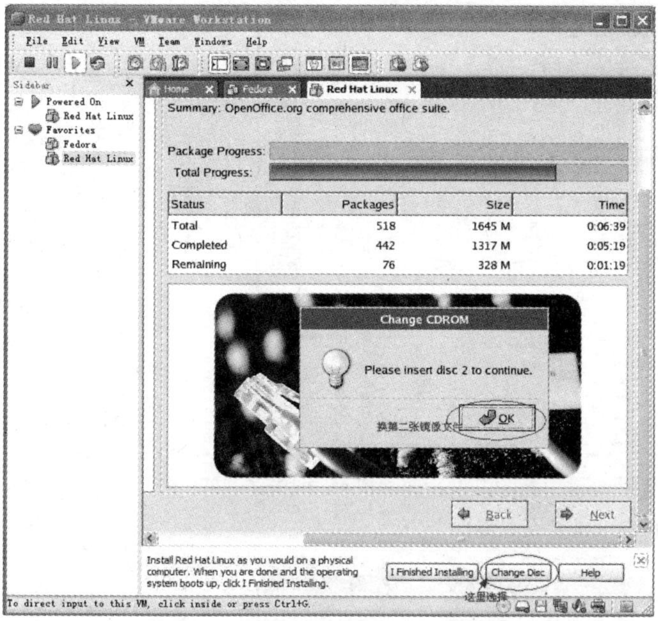

图 1-34 置换安装镜像文件界面

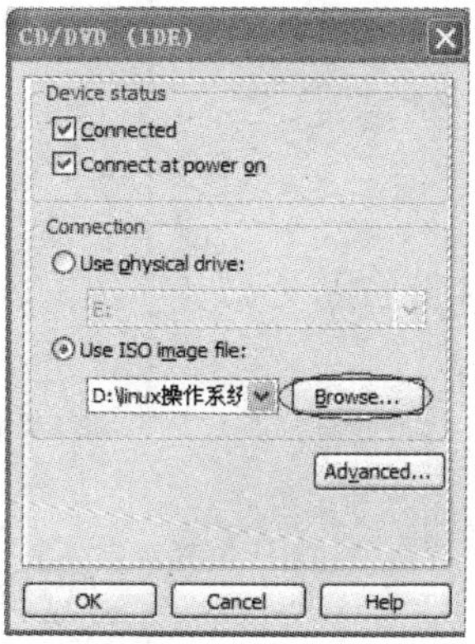

图 1-35 镜像文件存放路径选择界面

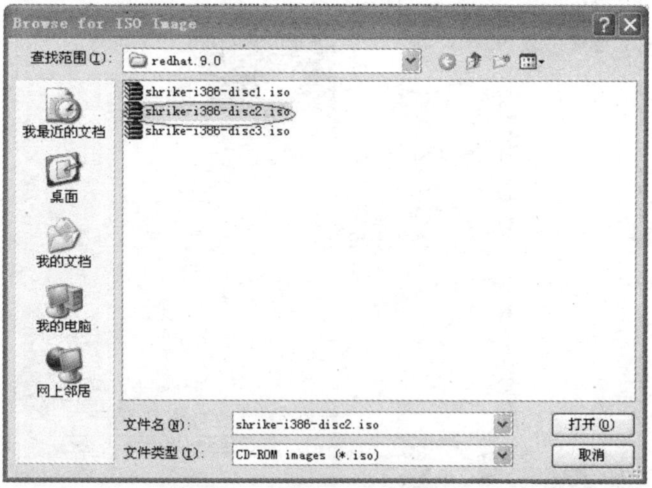

图 1-36 镜像文件存放对话框

（27）选择显卡和分辨率配置界面，选择系统自动探测的结果，直接单击“Next”按钮，如图1-37 和图 1-38所示。

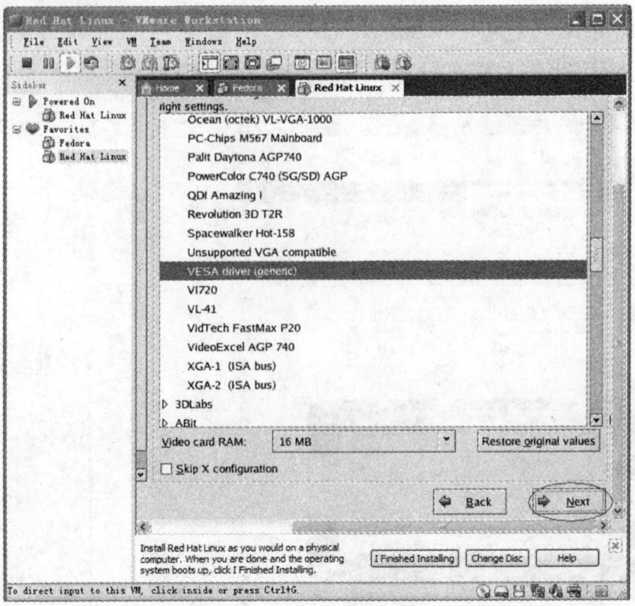

图 1-37　显卡设置界面

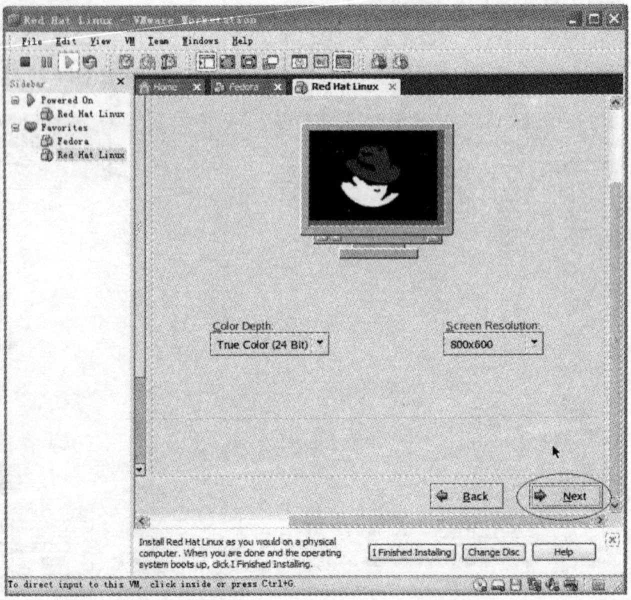

图 1-38　分辨率设置界面

（28）进入创建客户登录界面，直接单击“Forward”按钮，输入登录名称和密码，如图1-39 和图 1-40所示。

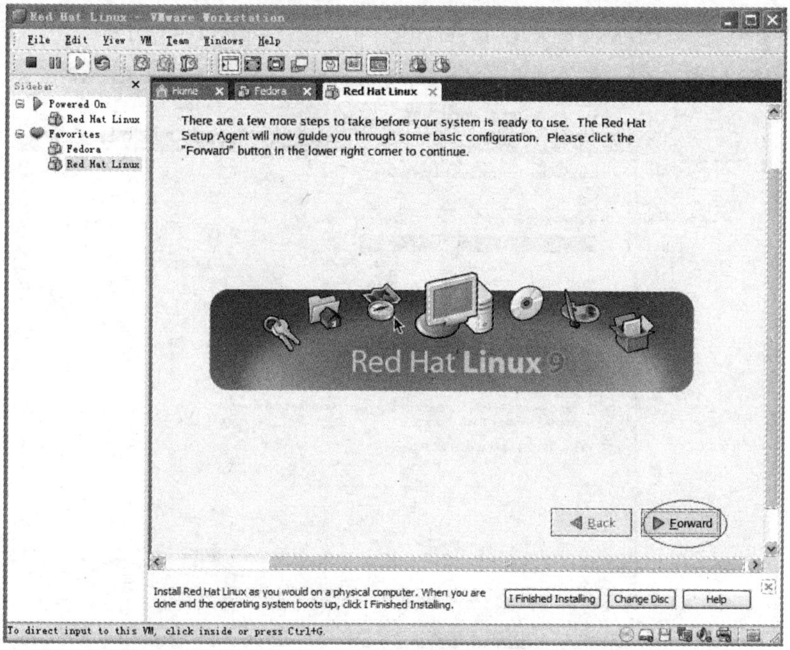
Red Hat Linux - VMware Workstation
File Edit View VM Team Windows Help
Sidebar
Powered On
Red Hat Linux
Favorites
Fedora
Red Hat Linux
Home
Fedora
Red Hat Linux
There are a few more steps to take before your system is ready to use. The Red Hat Setup Agent will now guide you through some basic configuration. Please click the "Forward" button in the lower right corner to continue.
Red Hat Linux 9
Back
Forward
Install Red Hat Linux as you would on a physical computer. When you are done and the operating system boots up, click I Finished Installing.
I Finished Installing
Change Disc
Help
To direct input to this VM, click inside or press Ctrl+G.

图 1-39　欢迎进入界面

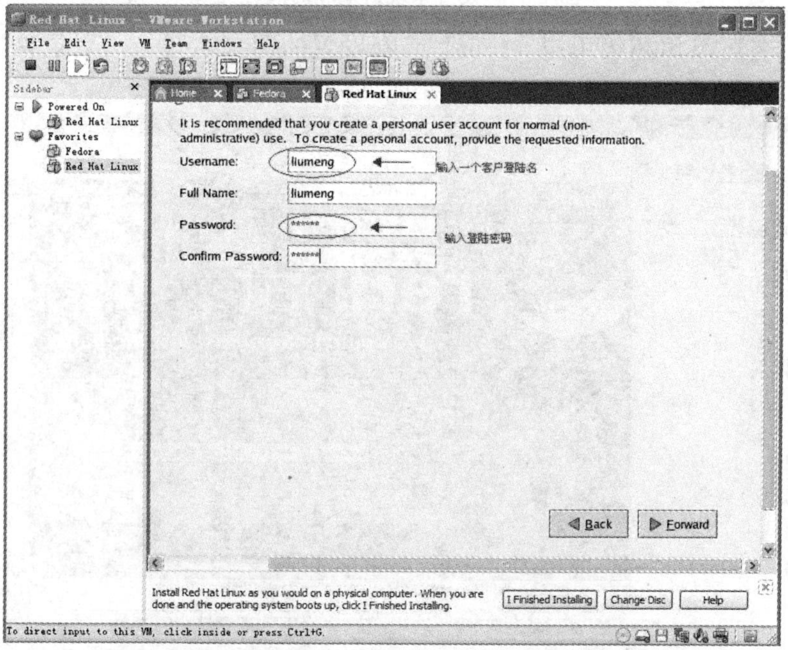
Red Hat Linux - VMware Workstation
File Edit View VM Team Windows Help
Sidebar
Powered On
Red Hat Linux
Favorites
Fedora
Red Hat Linux
Home
Fedora
Red Hat Linux
It is recommended that you create a personal user account for normal (non-administrative) use. To create a personal account, provide the requested information.
Username:
liumeng
输入一个客户登陆名
Full Name:
liumeng
Password:
******
输入登陆密码
Confirm Password:
******
Back
Forward
Install Red Hat Linux as you would on a physical computer. When you are done and the operating system boots up, click I Finished Installing.
I Finished Installing
Change Disc
Help
To direct input to this VM, click inside or press Ctrl+G.

图 1-40　创建客户登录界面

（29）选择下一步后进入设置系统日期和时间界面，如图1-41所示。

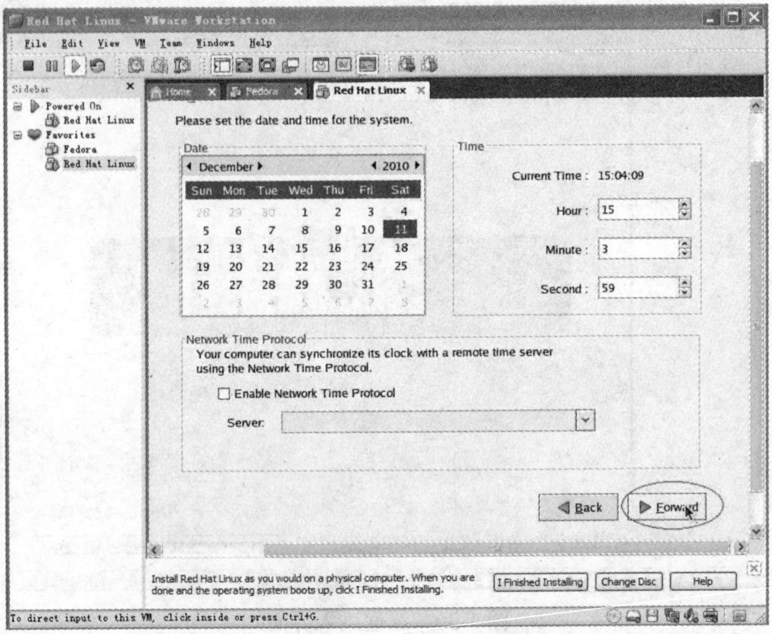

图 1-41　设置系统日期和时间界面

（30）用户名可以用超级用户（root）或刚设置的用户名登录，登录界面如图1-42和图1-43所示。

图 1-42　用户登录界面

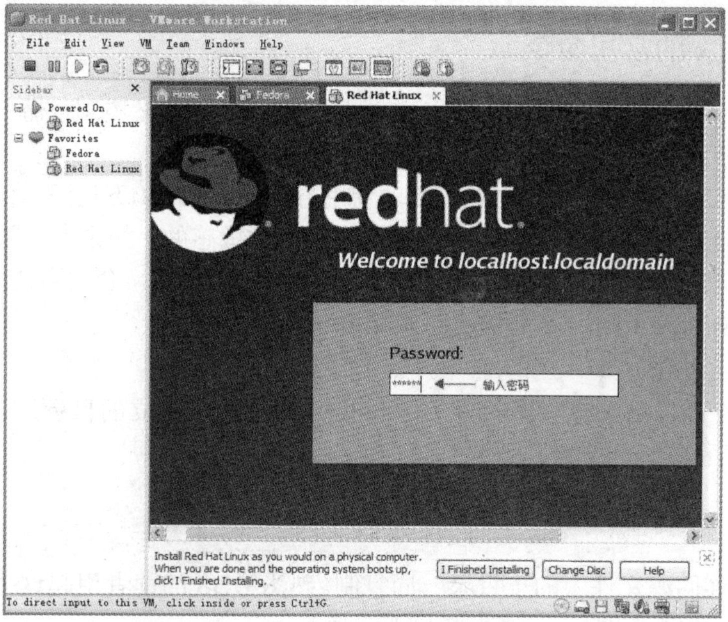

图 1-43　用户登录密码输入界面

（31）下面开始使用 Linux，虽然默认启动界面是图形界面，不过 Linux 的精华是命令行，不要在窗口浪费过多时间，启动初始界面如图1-44 所示。

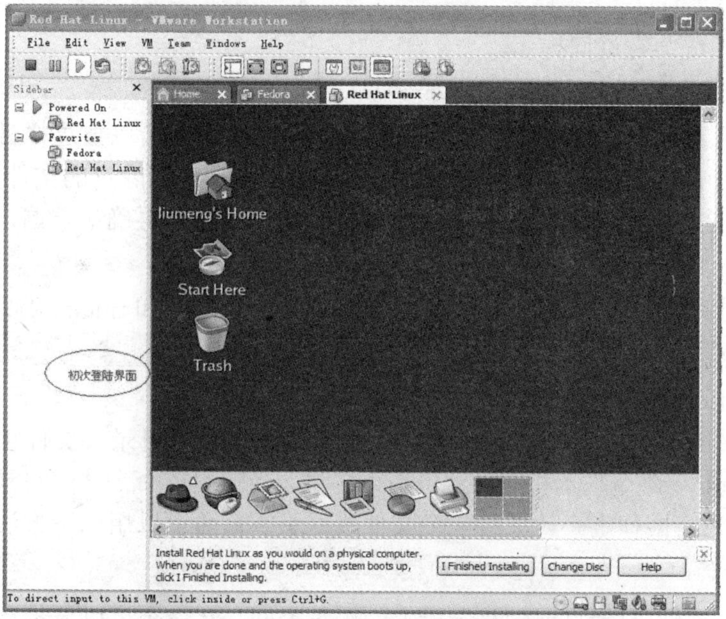

图 1-44　启动初始界面

1.4.3 Linux 的常用命令

（1）ls 命令。相当于 DOS 下的 dir 命令一样，这也是 Linux 控制台命令中最为重要的几个命令之一。

（2）cd 命令。是用来进出目录的，它的使用方法和在 DOS 下相同，但有两点要说明一下。首先，和 DOS 不同的是，Linux 的目录对大小写是敏感的，如果大小写没拼对，cd 操作是成功不了的。其次，cd 如果直接输入，cd 后面不加任何东西，会回到使用者自己的 Home Directory。假设如果是 root，这个功能同如下命令。

```
cd ~
```

（3）mkdir 命令。用来建立新的目录，rmdir 用来删除已建立的目录，与 DOS 下的 md、rd 功能和用法都是基本一样的。

（4）cp 命令。相当于 DOS 下面的 copy 命令，具体用法是：

```
cp -r 源文件（source）目的文件（target）
```

参数 r 是指连同源文件中的子目录一同复制。熟悉 DOS 的读者用起这个命令来会觉得更方便，cp 比在 DOS 下面的 copy 要少敲两下键盘。

（5）rm 命令。是用来删除文件的，和 DOS 下面的 rm（删除一个空目录）是有区别的。rm 命令常用的参数有三个：–i, –r, –f。比如要删除一个名字为 test 的文件，操作如下。

```
rm -i test
```

命令执行时系统会有询问提示。

```
"rm:remove 'test'?y"
```

输入“y”后再敲回车后，这个文件才会真的被删除。之所以要这样做，是因为 Linux 不像 DOS 那样有 undelete 命令，或者可以用 pctool 等工具将删除过的文件恢复回来，Linux 中删除过的文件是恢复不回来的，所以使用这个参数在删除前再确认一遍，是很有必要的。

```
rm -r 目录名
```

这个操作可以连同这个目录下面的子目录都删除，功能上和 rmdir 相似。

```
rm -f 文件名（目录名）
```

这个操作可以进行强制删除。

（6）mv 命令。功能是移动目录或文件，引申的功能是给目录或文件重命名。它的用法同 DOS 下面的 move 命令基本相同，这里不再多讲。当使用该命令移动目录时，会连同该目录下面的子目录也一同移走。如果给一个文件或目录重命名可以用以下方法。

```
mv 原文件（目录）名  新的文件（目录）名
```

（7）du 命令。可以显示目前的目录所占的磁盘空间，df 命令可以显示目前磁盘剩余的磁盘空间。如果 du 命令不加任何参数，那么返回的是整个磁盘的使用情况，如果后面加了目录的话，就是这个目录在磁盘上的使用情况。

（8）cat 命令。是 Linux 中非常重要的一个命令，它的功能是显示或连接一般的 ascii 文本文件。cat 是 concatenate 的简写，类似于 DOS 下面的 type 命令。它的用法如下。

```
cat text
```

显示 text 这个文件。

```
cat file1 file2
```

依顺序显示 file1、file2 的内容。

```
cat file1 file2>file3
```

把 file1、file2 的内容结合起来，再“重定向（>）”到 file3 文件中。“>”是一个非常有趣的符号，是往右重定向的意思，就是把左边的结果当成是输入，然后输入到 file3 这个文件中。这里要注意的一点是，file3 是在重定向以前还未存在的文件，如果 file3 是已经存在的文件，那么它本身的内容被覆盖，而变成 file1+file2 的内容。如果“>”左边没有文件的名称，而右边有文件名，例如 cat>file1，结果是会“空出一行空白行”，等待输入文字，输入完毕后再按【Ctrl】+【c】或【Ctrl】+【d】，就会结束编辑，并产生 file1 这个文件，而 file1 的内容就是刚刚输入的内容。这个过程和 DOS 里面的 copy con file1 的结果是一样的。另外，如果使用下面的指令：

```
cat file1>>file2
```

这将变成将 file1 的文件内容“附加”到 file2 的文件后面，而 file2 的内容依然存在，这种重定向符“>>”比“>”常用，可以多多利用。

（9）pwd 命令。可立刻得知目前所在的工作目录的绝对路径名称。

（10）clear 命令。是用来清除屏幕，它不需要任何参数，和 DOS 下面的 cls 具有相同的功能，如果屏幕太乱，就可以使用它清除屏幕上的信息。这个命令的作用是显示用户当前的工作路径。

（11）grep 命令。用于查找文件中符合字符串的那行。

```
grep -nr "network_ssl" ./
```

表示查找当前文件夹下所有文件内容，列出包含有 network_ssl 字符串的行，并显示行号。参数说明如下。

–a：将 binary 文件以 text 文件的方式搜寻数据。

–c：计算找到“搜寻字符串”的次数。

–i：忽略大小写的不同，所以大小写视为相同。

–n：顺便输出行号。

–v：反向选择，亦即显示出没有“搜寻字符串”内容的那一行。

（12）rpm 命令。一种用于互联网下载包的打包及安装工具，它包含在某些 Linux 分发版中。它生成具有.RPM 扩展名的文件，与 Dpkg 类似。RPM 是 RedHat Package Manager（RedHat 软件包管理工具）的缩写，这一文件格式名称虽然打上了 RedHat 的标志，但是其原始设计理念是开放式的，现在包括 OpenLinux、S.u.S.E.及 Turbo Linux 等 Linux 的分发版本都有采用，可以算是公认的行业标准了。软件包的安装用法如下。

```
#rpm -ivh 软件包
```

（13）tar 命令。创建压缩包和释放压缩包。创建压缩包的命令为：

```
tar -zcvf [文件名.tar.gz] [文件 1 文件 2 …]
```

释放压缩包的命令为：

```
tar -zxvf  文件名.tar.gz
```

（14）mount 命令。是 Linux 下的一个命令，它可以将分区作为 Linux 的一个“文件”挂接到 Linux 的一个空文件夹下，从而将分区和/mnt 这个目录联系起来，因此只要访问这个文件夹，就相当于访问该分区了。目前 mount 已经不仅局限于 Linux，在 Windows 系统下的应用也越来越广了，多用在虚拟光驱类软件上，比如 Clone CD，Daemon tool，WinMount 等。

挂载光盘用法如下。

```
#mount -t iso9660 /dev/cdrom /mnt/cdrom
```

卸载光盘用法如下。

```
#umount /mnt/cdrom 或#umount  /dev/cdrom
```

挂载 U 盘用法如下。

```
#mount /dev/sdb1 /mnt/usb
```

挂载 iso 镜像用法如下。

```
#mount -t iso9660 -o loop iso 镜像文件 /mnt/cdrom
```

（15）ps 命令。查看所有进程（静态）。

（16）top 命令。查看动态变化的进程。

（17）kill 命令。杀进程命令用法如下。

```
kill -9 PID
```

或

```
killall -9 进程名
```

（18）ifconfig 命令。用于设置 IP 地址等。设置 IP 地址（即时生效，重启失效）用法如下。

```
ifconfig eth0 IP（地址）netmask（子网掩码）；
```

屏蔽网卡用法如下。

```
ifconfig eth0 down
```

显示网卡用法如下。

```
ifconfig eth0 up
```

（19）chmod 命令。用于修改文件权限，用法如下。

```
chmod o+w 123。
```

1.4.4　vi 编辑器的进入

在系统提示字符（如$、#）下输入 vi＜档案名称＞，vi 可以自动载入所要编辑的文件或是开启一个新文件，如果该文件不存在或缺少文件名，进入 vi 后屏幕左方会出现波浪符号，凡是列首有该符号就代表此列目前是空的。

1.4.5　vi 编辑器的两种模式

如上所述，vi 存在两种模式：指令模式和输入模式。在指令模式下输入的按键将作为指令来处理，如输入 a，vi 即认为是在当前位置插入字符；而在输入模式下，vi 则把输入的按键当做插入的字符来处理。指令模式切换到输入模式只需键入相应的输入命令即可(如 a, A)，而要从输入模式切换到指令模式，则需在输入模式下键入【Esc】键，如果不清楚目前是处于什么模式，可以多按几次【Esc】键，系统如发出“哔哔”声就表示已处于指令模式下了。

由指令模式进入输入模式的指令如下。

a——从光标所在位置后面开始新增资料，光标后的资料随新增资料向后移动。

A——从光标所在列最后面的地方开始新增资料。

插入（insert）

i——从光标所在位置前面开始插入资料，光标后的资料随新增资料向后移动。

I——从光标所在列的第一个非空白字元前面开始插入资料。

开始 （open）

o——在光标所在列下新增一列并进入输入模式。

O——在光标所在列上方新增一列并进入输入模式。

1.4.6　vi 编辑器的退出

按【Esc】键可以从输入模式下回到指令模式，离开 vi 及保存时，须在指令模式下按“:”。

在指令模式下键入:q、:q!、:wq 或:x（注意:号），就会退出 vi。其中:wq 和:x 是存盘退出，而:q 是直接退出，如果文件已有新的变化，vi 会提示保存文件，而:q 命令也会失效，这时可以用:w 命令保存文件后再用:q 退出，或用:wq 或:x 命令退出，如果不想保存改变后的文件，需要用:q!命令，这个命令将不保存文件而直接退出 vi。

1.4.7 vi 编辑器的基本编辑

配合一般键盘上的功能键，如方向键、【Insert】、【Delete】等，就可以利用 vi 来编辑文件了。当然，vi 还提供了其他许多功能让文字的处理更为方便。何谓编辑？一般认为是文字的新增、修改及删除，甚至包括文字区块的搬移、复制等。这里先介绍 vi 的删除与修改操作。（注意：在 vi 的原始观念里，输入和编辑是两码事。编辑是在指令模式下操作的，先利用指令移动光标来定位要进行编辑的地方，然后才下指令做编辑。）删除与修改文件的命令如下。

x——删除光标所在的字符。

dd——删除光标所在的列。

r——修改光标所在字元，r 后接着要修正的字符。

R——进入替换状态，新增文字会覆盖原先文字，直到按【ESC】键回到指令模式下为止。

s——删除光标所在字元，并进入输入模式。

S——删除光标所在的列，并进入输入模式。

其实，在 PC 上根本没有这么麻烦。输入跟编辑都可以在输入模式下完成。例如要删除字元，直接按【Delete】键就可以。而插入状态与取代状态可以直接用【Insert】键切换，不用指令模式的编辑指令。不过如前面所提到的，这些指令几乎是每台终端机都能用，而不是仅仅在 PC 上。在指令模式下移动光标的基本指令是 h、j、k、l。或只要直接用 PC 的方向键就可以了，而且无论在指令模式或输入模式下都可以。当然 PC 键盘也有不足之处。有个很好用的指令 u 可以恢复被删除的文字，而 U 指令则可以恢复光标所在列的所有改变。这与某些电脑上的【Undo】按键功能相同。

1.4.8 vi 编辑器的文件操作指令

文件操作指令多以：开头，这跟编辑指令有点区别。

:q——结束编辑（quit）。

:q!——不存档而要放弃编辑过的文件。

:w——保存文件（write），其后可加所要存档的档名。

:wq——即存档后离开。zz 功能与:wq 相同。

:x——与:wq 相同。

1.4.9 VMwaretools 的安装

在 VMware 中安装完 Linux 系统后，如果仔细看的话，就会发现在 VMware 软件界面的左下角处显示着“you don't have VMware Tools installed”，即还没安装 VMware Tools。VMware Tools 有什么用呢？VMware Tools 其实就是虚拟显卡的驱动程序，安装以后，虚拟系统屏幕的显示效果会更好。除此之外，安装以后，鼠标就可以在主、客系统之间自如地移动，而不需用【Ctrl】+【Alt】组合键来切换，同时 VMware 工具还有些别的用途。

接下来简单介绍如何安装 VMware Tools。

（1）鼠标右键单击 VMware 界面左侧中的虚拟系统，选择“Install VMware Tools”。注意：虚拟机必须处在开机状态，关机时无效，如图1-45所示。

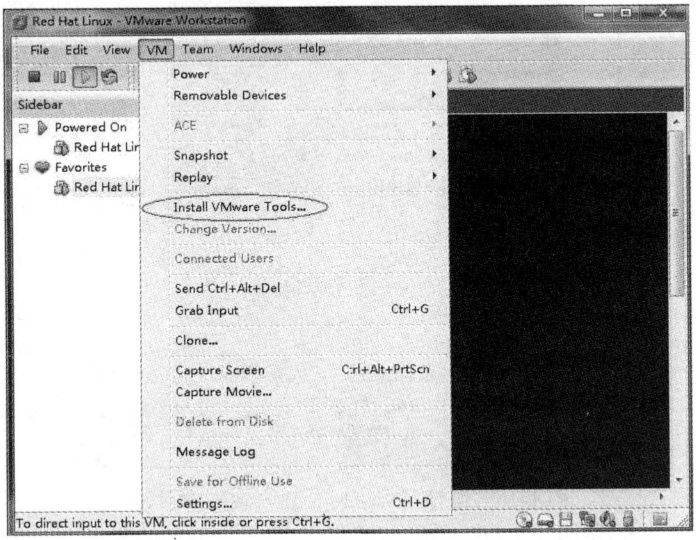

图1-45　安装 Install VMware Tools 界面

此时会发现在 Linux 的桌面上出现一个光盘的图标，这只是系统将 VMware Tools 的安装镜像文件加载到了虚拟光驱中，而不是真正地安装了 VMware Tools。

（2）找到 VMware Tools 安装包，右键单击 Linux 桌面，打开终端，依次输入以下命令（注意有空格）。

```
cd /mnt/cdrom（注：进入到虚拟光驱的文件夹里）；
ls（注：查看文件夹里的文件和子文件夹）。
```

此时出现的“VMware Tools-5.5.3-34685.tar.gz”即安装包名字，记住它，稍后将会用到。

（3）移动安装包，然后解压安装在刚刚的终端中，继续输入以下命令。

```
cd /（注：回到根目录）；
cp /mnt/cdrom/VMwareTools-5.5.3-34685.tar.gz /tmp（注：将安装包复制到 tmp 文件夹）；
cd /tmp（注：进入 tmp 文件夹里）；
tar zxf VMwareTools-5.5.3-34685.tar.gz（注：解压安装包）；
cd vmware-tools-distrib（注：进入解压出来的文件夹里）；
./vmware-install.pl（注：执行安装文件）。
```

运行 VMware-tool 安装脚本界面如图1-46所示。

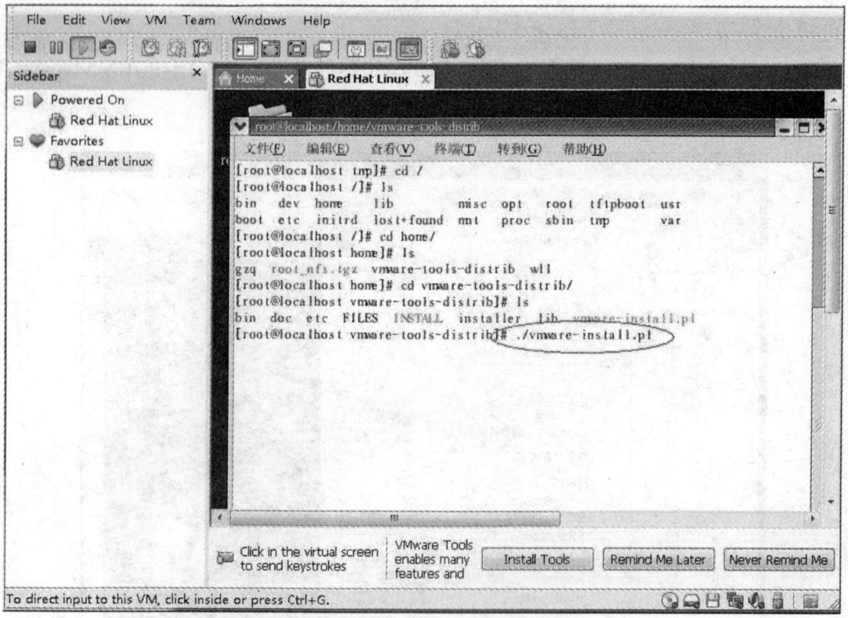

图 1-46　运行 VMware-tool 安装脚本界面

如果 Linux 中已经安装了所有的 X 窗口环境和开发工具，上述的安装过程应该比较顺利，在安装过程中，会遇到诸如“In which directory do you want to install your binary files”这类的问题，直接按回车就行了；如遇到诸如带有[yes]的询问时，输入“yes”后按回车即可。安装完成以后，还需要配置分辨率：

Do you want to change your guest X resolution？

[1]640×480

[2]800×600

[3]1024×768

……

这里根据自己机器的情况来决定。设置分辨率，能使得屏幕在全屏显示下更清晰。注意这里的分辨率适用于全屏显示，很多人可能习惯用窗口模式来操作虚拟系统，那么就应该把分辨率设置得小些，比如 800×600。至此，VMware Tools 就安装成功了。此时需要重启一下虚拟机，使配置生效。至此，虚拟机可以在 Windows 下设置共享文件夹，以方便文件的共享，设置共享文件夹的步骤如图1-47～图 1-50所示。

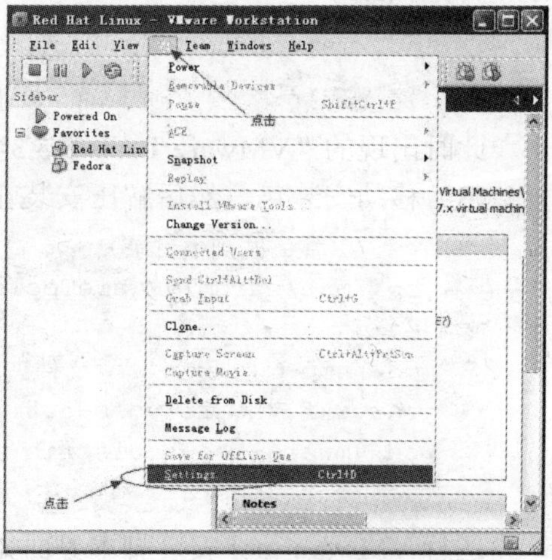

图 1-47　共享文件夹设置界面

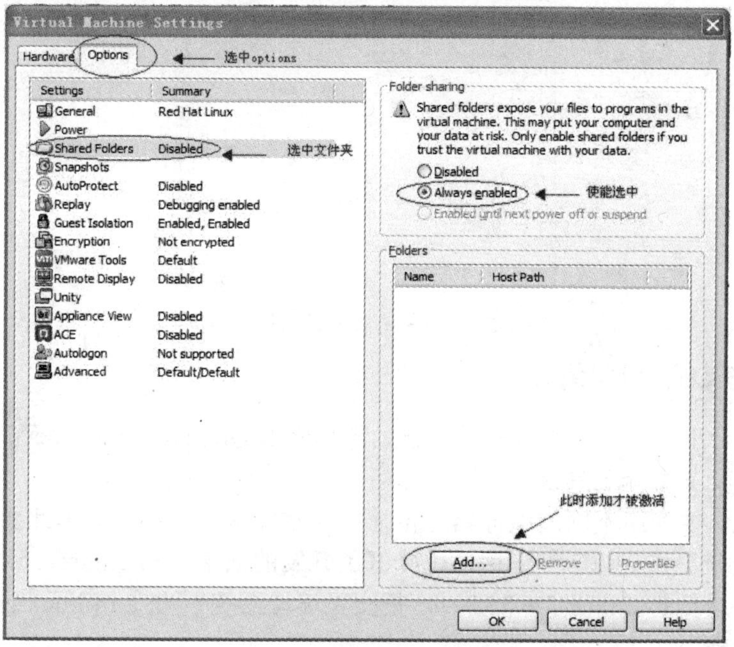

图 1-48　添加共享文件夹界面

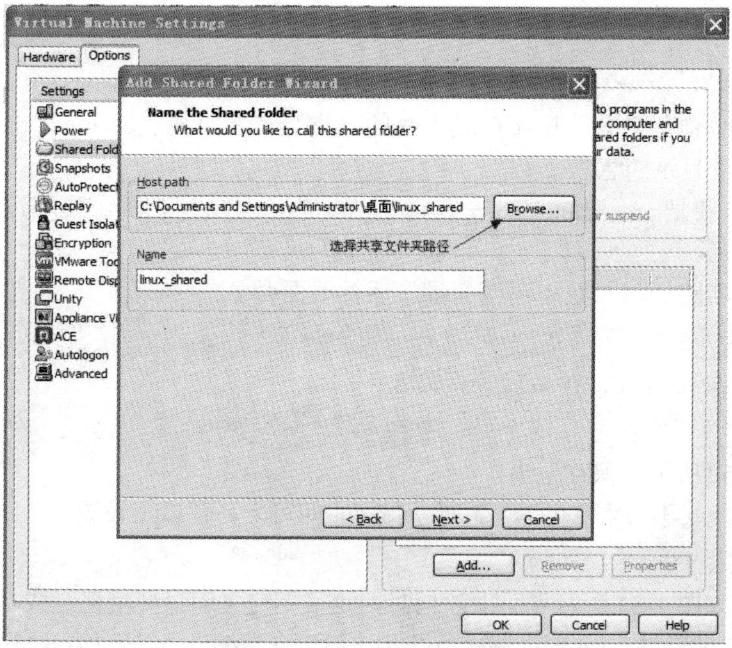

图 1-49　选择共享文件夹路径界面

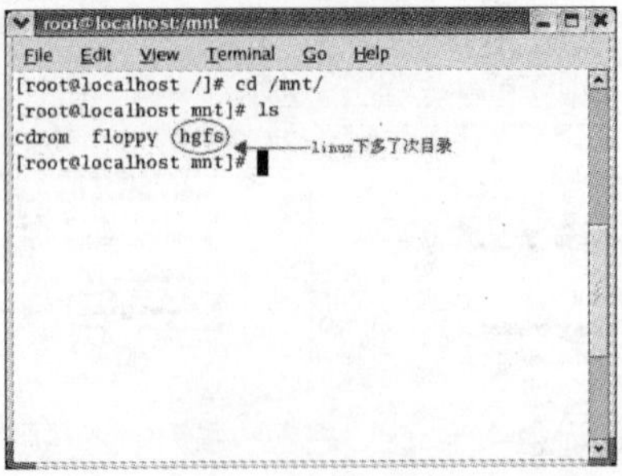

图 1-50 共享文件夹显示目录界面

1.4.10 交叉编译环境配置

在 Linux 平台下，要为开发板编译内核、图形界面 Qtopia、bootloader，还有其他一些应用程序，均需要交叉编译工具链。

之前的系统，要使用不同的编译器版本才能正常编译各个部分，因此要在开发过程不断切换设置，这十分不利于初学者使用，也降低了开发的效率。从 Linux-2.6.29 开始（本开发板所配内核已为最新的 Linux-2.6.32.2），把交叉编译器统一为 arm-linux-gcc-4.3.2，下面是它的安装设置步骤。

（1）将光盘目录 linux\中的 arm-linux-gcc-4.3.2.tgz 复制到某个目录下，如 tmp\，然后进入到该目录，执行解压命令。

```
#cd \tmp
#tar xvzf arm-linux-gcc-4.3.2.tgz -C /
```

注意：C 后面有个空格，并且 C 是大写的，它是英文单词“Change”的第一个字母。

C 在此是改变目录的意思。

执行该命令，将把 arm-linux-gcc 安装到/usr/loca/arm/4.3.2 目录。解压缩过程界面如图 1-51 所示。

（2）把编译器路径加入系统环境变量，运行下面命令：

```
#gedit /root/.bashrc
```

编辑/root/.bashrc 文件，在最后一行输入：

```
export PATH=$PATH:/usr/local/arm/4.3.2/bin
```

界面如图1-52所示，保存退出。

重新登录系统（不必重启机器，开始→logout 即可），使以上设置生效，在命令行输入：

```
#arm-linux-gcc -v
```

终端会出现如图 1-53 所示界面中的信息，这说明交叉编译环境已经成功安装。

在终端输入的命令“#arm-linux-gcc –v”用来检查交叉编译器是否加入路径。如果如图 1-53 所示，说明交叉编译环境安装完成。否则输入命令“#arm-linux-gcc –v”终端会给出错误报告。

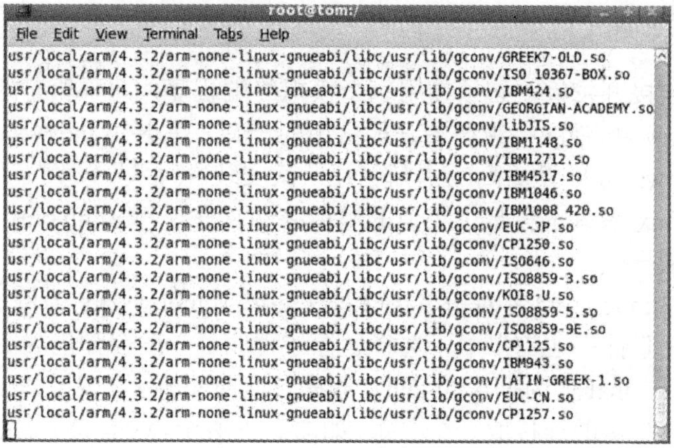

图 1-51 解压缩过程界面

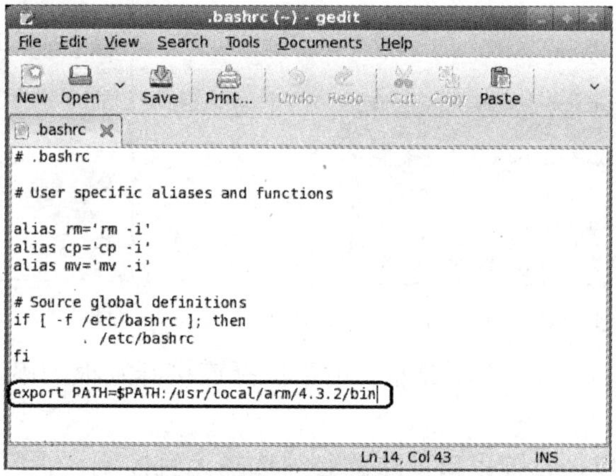

图 1-52 编辑/root/.bashrc 文件界面

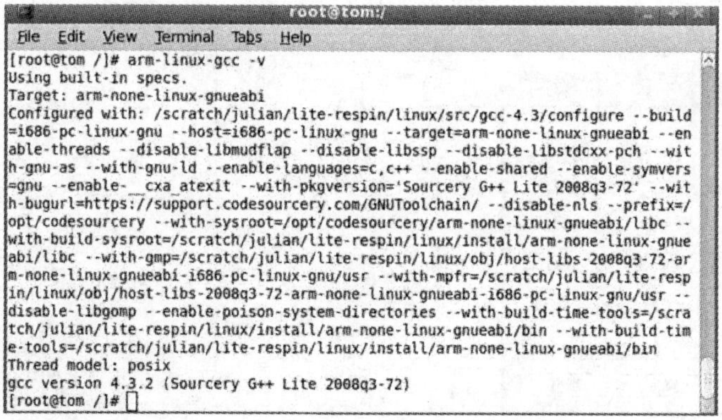

图 1-53 交叉编译环境版本显示界面

1.4.11 超级终端配置

为了通过串口连接开发板，必须使用一个模拟终端程序，几乎所有的类似软件都可以使用，其中 MS-Windows 自带的超级终端是最常用的选择，安装 Windows 9x 时需要自定义选择安装该项，Windows 2000 及更高版本则已经默认安装。

一般桌面版 Linux 系统也自带了类似的串口终端软件，叫 minicom，它是基于命令行的程序，使用比较复杂一些。

在此着重介绍 Windows 自带的超级终端程序并以 Windows XP 为例。超级终端程序通常位于“开始→程序→附件→通信”中，选择运行该程序，一般会弹出如图1-54所示窗口，询问是否要将 HyperTerminal 作为默认的 telnet 程序，此时不需要，因此单击“否”按钮。

超级终端会要求为新的连接取一个名字，如图1-55所示，这里取了名字叫“car”，Windows 系统会禁止取类似“COM1”这样的名字，因为这些名字已经被系统占用了。

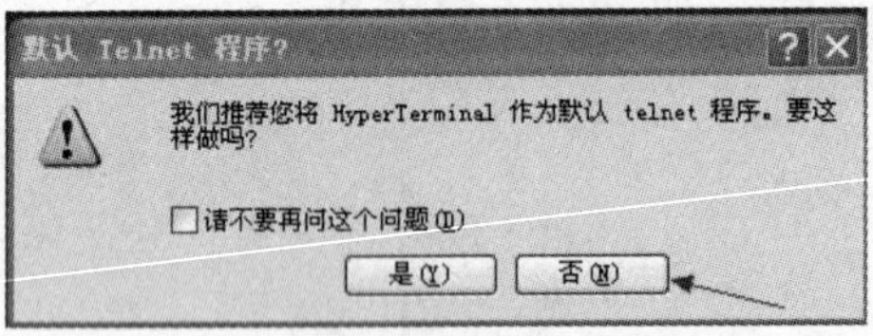

图 1-54　默认 Telnet 程序界面

图 1-55　连接名称描述界面

当命名完以后，又会跳出一个对话框，用于选择连接开发板的串口，这里选择了 COM1，如图1-56所示。

最后，最重要的一步是设置串口，注意必须选择无流控制，否则，或许只能看到输出而不能输入，另外开发板工作时的串口波特率是 115200bit/s，如图1-57所示。

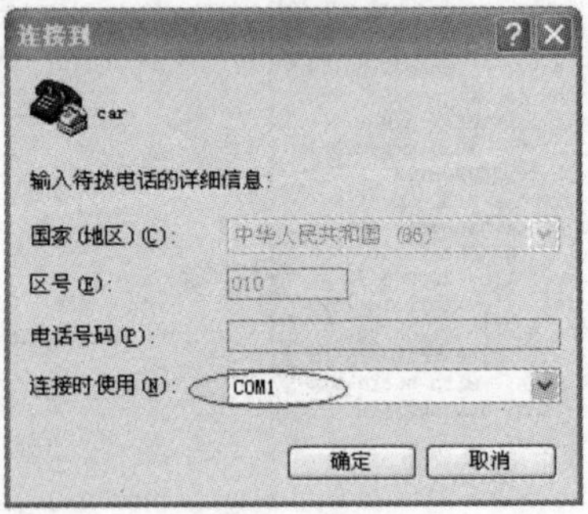

图 1-56　连接串口选择界面

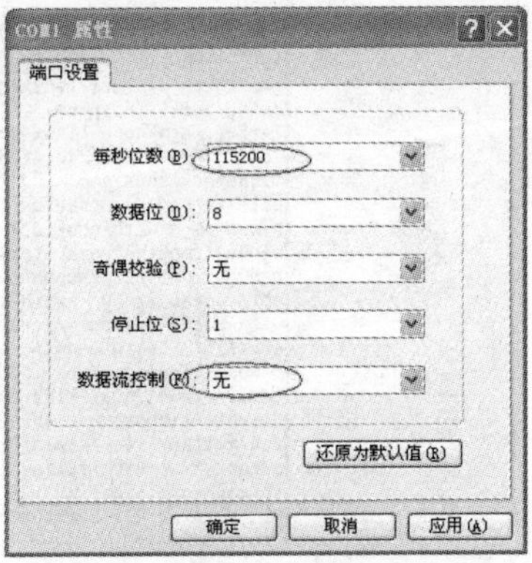

图 1-57　串口属性界面

当所有的连接参数都设置好以后，打开电源开关，系统会出现 vivi 启动界面。选择超级终端“文件”菜单下的“另存为…”，保存该连接设置，以便于以后再连接时就不必重新进行以上设置了。

1.4.12　NFS 配置

完全安装好 Linux 系统后，NFS 相关软件也已经按默认设置安装好了，可以按照以下步骤建立和配置 NFS 服务。

注意：要使用共享目录，必须先解压安装好 root_qtopia 目标板文件系统包。

（1）设置共享目录运行命令。

```
#gedit /etc/exports
```

（2）编辑 NFS 服务的配置文件。

注意：第一次打开时该文件是空的，添加以下内容。

```
/home * (rw,sync,no_root_squash)
```

其中：

/home 表示 NFS 共享目录，它可以作为开发板的根文件系统通过 NFS 挂接。

*表示所有的客户机都可以挂接此目录，也可以写入具体 IP，如 192.168.1.100 表示此 IP 可以挂在宿主机上的共享目录。

rw 表示挂接此目录的客户机对该目录有读写的权力。

no_root_squash 表示允许挂接此目录的客户机享有该主机的 root 身份。

可以通过命令行和图形界面两种方式启动 NFS 服务。建立 NFS 服务的目的是通过网络对外提供目录共享服务，但默认安装的系统开启了防火墙，这会导致 NFS 服务无法正常使用，因此需先关闭防火墙，在命令行输入“lokkit”命令。打开防火墙设置界面如图1-58所示。

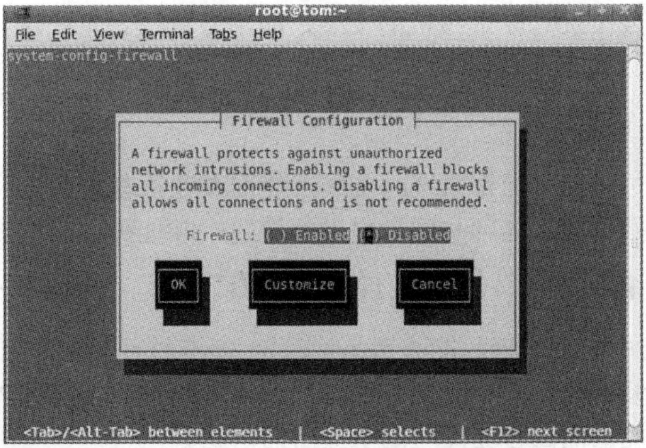
root@tom:~
File Edit View Terminal Tabs Help
system-config-firewall
Firewall Configuration
A firewall protects against unauthorized network intrusions. Enabling a firewall blocks all incoming connections. Disabling a firewall allows all connections and is not recommended.
Firewall: ( ) Enabled (*) Disabled
OK
Customize
Cancel
<Tab>/<Alt-Tab> between elements | <Space> selects | <F12> next screen

图 1-58　防火墙设置界面

选择其中的"Disabled"，然后选择"OK"退出，这样就永久关闭了防火墙。

下面是启动 NFS 服务的方法和步骤。

(1) 通过命令启动和停止 NFS 服务。在命令行输入：

```
#/etc/init.d/nfs start
```

这将启动 NFS 服务。可以输入下面命令检验 NFS 服务是否启动，此时将开发板和宿主机 IP 设置为同一网段，在相互 Ping 通的情况下，再在开发板上输入如下命令就能挂载上共享目录了。

```
# mount -o nolock localhost: /home /mnt/
```

此处 localhost 为宿主机的具体 IP，给宿主机配置的 IP 是 192.168.1.123，所以此处可以输入如下命令。

```
# mount -o nolock 192.168.1.123:/home/mnt/
```

如果没有出现错误信息，即可浏览到/mnt 目录中的内容和/home 是一致的。

使用如下命令可以停止 NFS 服务。

```
#/etc/init.d/nfs stop
```

(2) 通过图形界面启动 NFS 服务。为了在每次开机时系统都自动启动该服务，可以输入：

```
# serviceconf
```

打开系统服务配置窗口，在左侧一栏找到 NFS 服务选项框，选中并单击工具栏的"Enable"即可。

1.5 考核评价

任务 1 VMware 安装

要求：能独立完成 VMware 虚拟机的安装，能用专业语言正确流利地展示安装过程，思路清晰、有条理，能圆满回答老师与同学提出的问题，并能提出一些新的建议。

任务 2 Linux 安装

要求：能独立完成 Linux 操作系统的安装，能用专业语言正确流利地展示安装过程，思路清晰、有条理，能圆满回答老师与同学提出的问题，并能提出一些新的建议。

任务 3 vi 编辑器删除、复制文件及脚本编写

要求：能熟练使用 vi 编辑器，能够熟练修改 vi 脚本语言并添加内容，在 vi 编辑器中熟练使用切换、插入、修改、删除、复制、移动、编辑、查找等功能，以及扩展命令的使用，思路清晰、有条理，能圆满回答老师与同学提出的问题。

任务 4 安装 VMwaretools

要求：能独立完成 VMwaretools 的安装，能用专业语言正确流利地展示安装过程，思路清晰、有条理，能圆满回答老师与同学提出的问题，并能提出一些新的建议。

任务 5 配置交叉编译环境

要求：能独立完成交叉编译器 arm-linux-gcc 的安装，能用专业语言正确流利地展示安装过程，思路清晰、有条理，能圆满回答老师与同学提出的问题，并能提出一些新的建议。

任务 6 搭建自己的 NFS

要求：能独立搭建 NFS，连接 PC 与 ARM 板串口，配置超级终端。能自主学习编译交叉编译工具。思路清晰、有条理，能圆满回答老师与同学提出的问题，并能提出一些新的建议。

1.6 拓展提高

任务 1 Linux 命令的使用

要求：能熟练使用 Linux 命令。显示目录文件列表、切换目录、删除目录、复制文件、移动文件、编辑文件、查找文件等，以及使用扩展命令；压缩与解压缩、挂载与卸载、网口及 USB 配置命令。思路清晰、有条理，能圆满回答老师与同学提出的问题。

任务 2 JTAG 驱动安装配置及烧写文件

要求：能独立安装 JTAG 驱动，连接并口，配置 JTAG。烧写 bootloader、kernel、rootfs 及应用程序四个步骤。配置网络服务；查看网口、配置网口、启动服务、上传文件到指定文件目录。在控制台下格式化分区 FLASH。思路清晰、有条理，能圆满回答老师与同学提出的问题，并能提出一些新的建议。

项目 2　ARM2440 开发板

2.1　项目描述

本项目的主要内容是：学习了解 ARM2440 开发板程序的编写。编写 ARM2440 hello 应用程序、编写 ARM2440 GPIO 应用程序、编写键盘应用程序、编写蜂鸣器应用程序等，实现 CPU GPIO 控制外部 LED、按键的识别和处理、输出量跳跃式变化的自动控制器件、对模拟量输入进行采集和转换等，并利用 ARM2440 核心板上的已有器件验证工作，通过终端查看结果。

2.2　教学目标

通过此项目让学生掌握 ARM2440 开发板基础应用程序的编写和驱动程序的插入，为后续项目开发奠定基础。

2.3　知识准备

2.3.1　ARM2440 开发板硬件

开发板的硬件外观如图2-1所示。

图 2-1　开发板的硬件外观

ARM2440 开发板硬件资源特性如下。

（1）CPU 处理器。

Samsung S3C2440A，主频 400MHz，最高 533MHz。

（2）SDRAM 内存。

64M SDRAM，32bit 数据总线一，SDRAM 时钟频率高达 100MHz。

（3）FLASH 存储。

256M/1GB Nand Flash，掉电非易失（用户可定制 64M/128M/256M/512M/1G），2M Nor Flash，掉电非易失，已经安装 BIOS。

（4）LCD 显示。

板上集成 4 线电阻式触摸屏接口，可以直接连接四线电阻触摸屏；支持黑白、4 级灰度、16 级灰度、256 色、4096 色 STN 液晶屏，尺寸从 3.5 寸到 12.1 寸，屏幕分辨率可以达到 1024×768 像素；支持黑白、4 级灰度、16 级灰度、256 色、64K 色、真彩色 TFT 液晶屏，尺寸从 3.5 寸到 12.1 寸，屏幕分辨率可以达到 1024×768 像素；标准配置为统宝 3.5"真彩 LCD，分辨率 240×320，带触摸屏。

（5）接口和资源。

1 个 100M 以太网 RJ-45 接口（采用 DM9000 网络芯片）；

3 个串行口；

1 个 USB Host；

1 个 USB Slave B 型接口；

1 个 SD 卡存储接口；

1 路立体声音频输出接口，1 路麦克风接口；

1 个 2.0mm 间距 10 针 JTAG 接口；

4 USER Leds；

6 USER buttons（带引出座）；

1 个 PWM 控制蜂鸣器；

1 个可调电阻，用于 A/D 模数转换测试；

1 个 I^2C 总线 AT24C08 芯片，用于 I^2C 总线测试；

1 个 2.0 mm 间距 20 pin 摄像头接口；

板载实时时钟电池；

电源接口（5V），带电源开关和指示灯。

（6）系统时钟源。

2M 无源晶振

（7）实时时钟。

内部实时时钟（带后备锂电池）

（8）扩展接口。
1 个 34 pin 2.0mm GPIO 接口
1 个 40 pin 2.0mm 系统总线接口
（9）规格尺寸。
100×100（mm）
（10）操作系统支持。
Linux2.6.32.2+Qtopia-2.2.0
Windows CE.NET 6.0（R3）

2.3.2 ARM2440 开发板系统特性

（1）版本。
Linux 2.6.32.2（BSP 可自适应 64M/128M/256M/512M/1GB Nand Flash）
（2）支持的文件系统。
yaffs2（可读写的文件系统，推荐使用）；
cramfs（压缩的只读文件系统，不在线更新数据时推荐使用）；
Ext2；
Fat32；
NFS（网络文件系统，开发驱动程序及应用程序时方便使用）。
（3）基本驱动程序。
3 串口标准驱动；
DM9000 驱动程序；
音频驱动（UDA1341）（可录音）；
RTC 驱动（可掉电保存时间）；
用户 LED 灯驱动；
USB Host 驱动；
真彩 LCD 驱动（含 1024×768VGA 驱动）；
触摸屏驱动；
免驱的万能 USB 摄像头驱动；
USB 鼠标、USB 键盘驱动、U 盘、移动硬盘；
SD 卡驱动，可支持高速 SD 卡，最大容量可达 32G；
I^2C-EEPROM；
PWM 控制蜂鸣器；

LCD 背光驱动；

A/D 转换驱动；

看门狗驱动（看门狗复位相当于冷复位）。

（4）Linux 应用及服务程序。

busybox1.13（Linux 工具集，包含常用 Linux 命令等）；

Telnet、Ftp、inetd（网络远程登录工具及服务）；

boa（web server）；

madplay（基于控制台的 mp3 播放器）；

snapshot（基于控制台的抓图软件）；

ifconfig、ping、route 等（常用网络工具命令）。

（5）嵌入式图形系统平台。

Qt/Embedded 2.2；

分为 x86 和 arm 两个版本；

实用的 Qtopia 测试程序。

2.3.3 ARM2440 开发板接口布局及跳线

1. 跳线说明

开发板上只有一个跳线 J2，它用于选择 LCD 驱动板的输入电压，在标准配置中，所接为 3.5 寸 LCD，电压选择为 5V。

2. 接口布局

ARM2440 接口布局如图 2-2 所示，它在十分紧凑的 100mm×100mm 面积上精致地安排了各种常用接口，还引出了供开发测试用的富余的 I/O 口和总线接口。

3. 电源系统及接口

本开发板的电源系统比较简单，直接使用外接的 5V 电源，通过降压芯片产生整个系统所需要的三种电压：3.3V、1.8V、1.25V，如图2-3～图 2-5 所示。

需要注意的是，本开发板并非面向手持移动设备设计，因此它不具备完善的电源管理电路。整个系统的电源通断是由 S1 拨动开关控制的，不能通过软件实现开关机。

为了方便用户外接其他电源，还设计了一个电源接口 CON8，它是一个白色 2.0mm 间距的单排插座，中间均为“地”，两侧均为 5V。注意这两个 5V 并非是相通的，其中一个连接了外部电源的 5V，另外一个则连接了经过拨动开关 S1 之后的 5V。

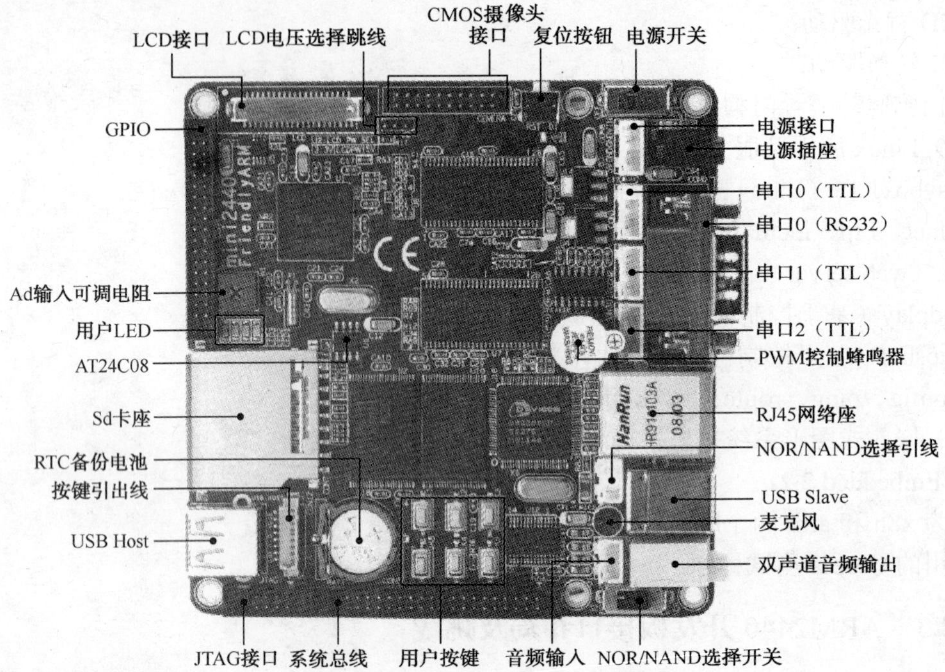

图 2-2　ARM2440 接口布局图

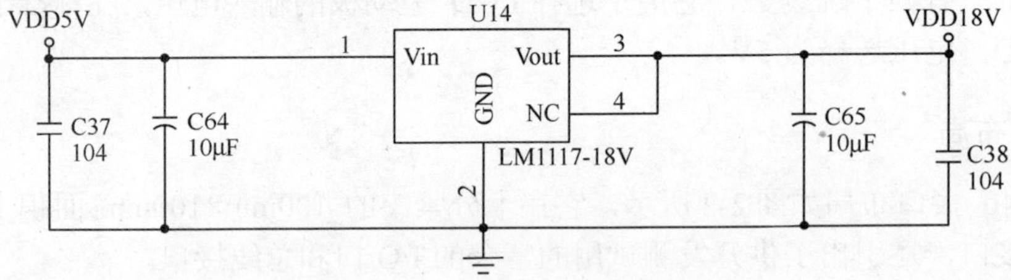

图 2-3　1.8V 电源电路

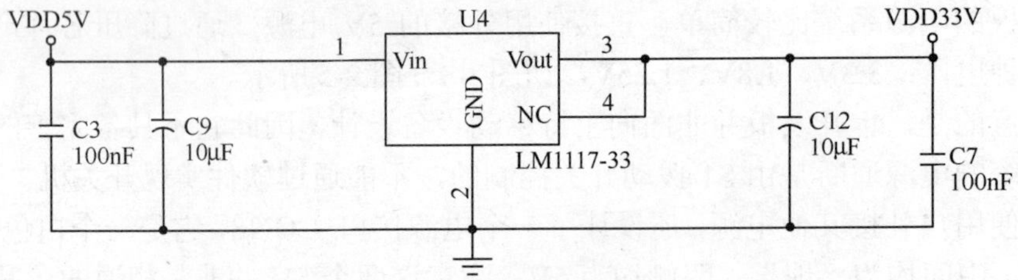

图 2-4　3.3V 电源电路

它们的连接关系和相应的实物标称如图2-6 和图 2-7所示。

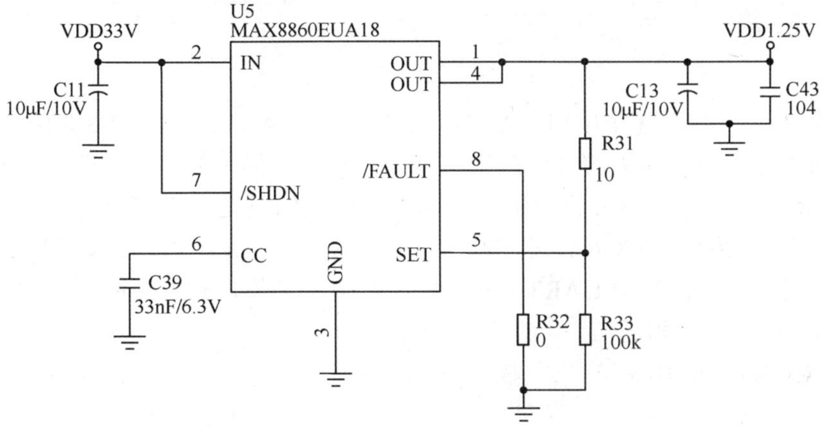

图 2-5　1.25V 电源电路

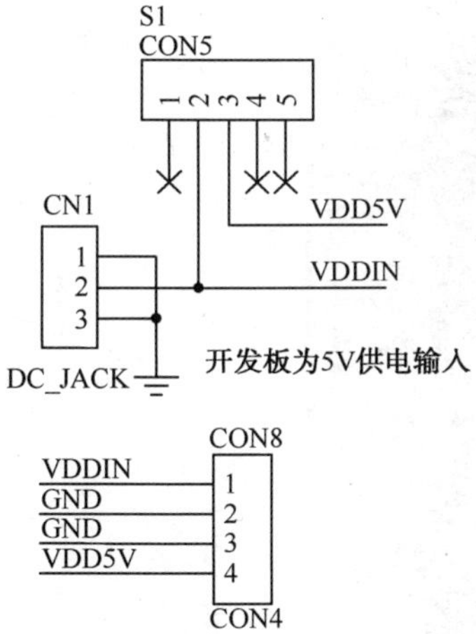

图 2-6　拨动开关和电源接口连接关系图

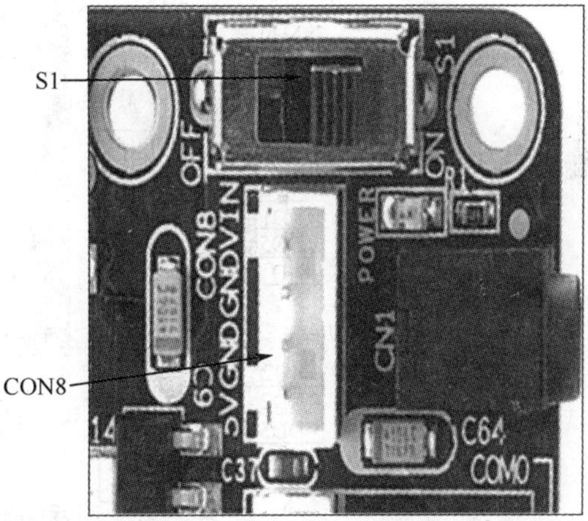

图 2-7　拨动开关和电源接口实物图

4．复位系统

开发板采用专业的复位芯片 MAX811 实现 CPU 所需要的低电平复位，如图2-8所示。

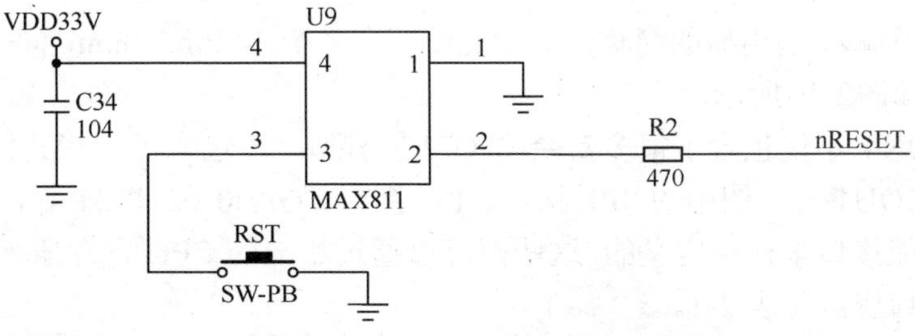

图 2-8　复位系统原理图

5. 串口

S3C2440 本身总共有 3 个串口 UART0、UART1、UART2，其中 UART0、UART1 可组合为一个全功能的串口，在大部分的应用中，只用到 3 个简单的串口功能（本开发板提供的 Linux 和 WinCE 驱动也是这样设置的），即通常所说的发送（TXD）和接收（RXD），它们分别对应板上的 CON1、CON2、CON3，这 3 个接口都是从 CPU 直接引出的，是 TTL 电平。为了方便用户使用，其中 UART0 做了 RS232 电平转换，它们对应于 COM0，可以通过附带的直连线与 PC 机互相通信。

CON1、CON2、CON3 在开发板上的位置和原理图中的连接定义对应关系如图 2-9 所示。

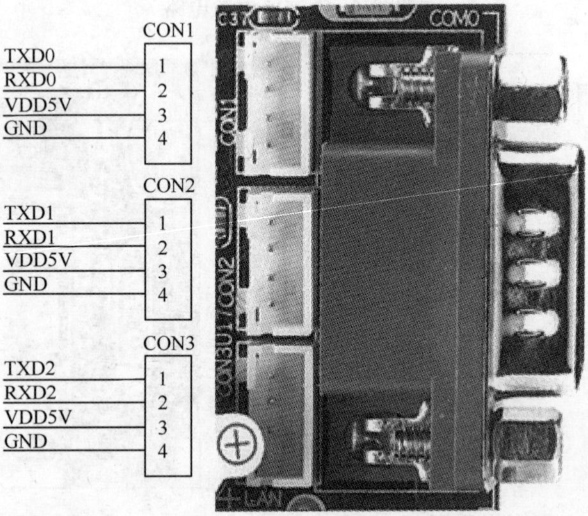

图 2-9　串口连接定义

6. GPIO

GPIO 是通用输入/输出口的简称，本开发板带有一个 34 Pin 2.0mm 间距的 GPIO 接口，标称为 CON4，如图2-10所示。

实际上，CON4 不仅包含了很多富余的 GPIO 引脚，还包含了一些其他 CPU 引脚，如 AD0-AIN3、CLKOUT 等。图中的 SPI 接口、I^2C 接口、GPB0 和 GPB1 等，其实也是 GPIO，不过是以特殊功能接口来标称定义的，这些都可以通过相应的 CPU 寄存器来设置更改它们的用途，详细的接口资源见表 2-1。

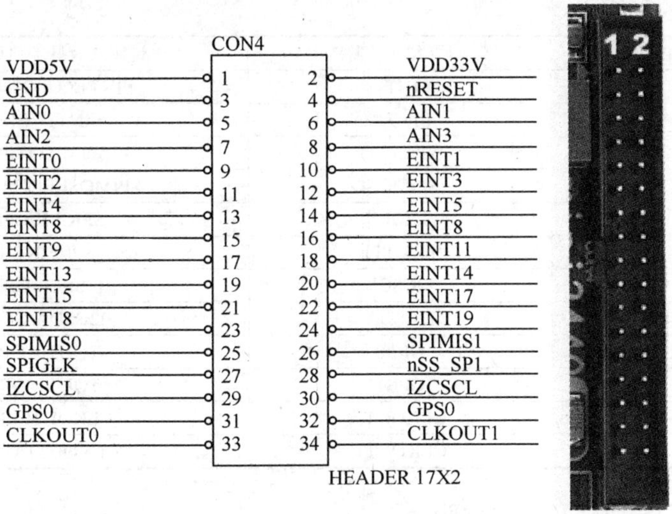

图 2-10　GPIO 接口定义

表 2-1　CON4 引脚说明

CON4	网 络 名 称	说明（有些端口可复用）
1	VDD5V	5V 电源（输入或者输出）
2	VDD3.3V	3.3V 电源（输出）
3	GND	地
4	nRESET	复位信号（输出）
5	AIN0	AD 输入通道 0
6	AIN1	AD 输入通道 1
7	AIN2	AD 输入通道 2
8	AIN3	AD 输入通道 3
9	EINT0	EINT0/GPF0
10	EINT1	EINT1/GPF1
11	EINT2	EINT2/GPF2
12	EINT3	EINT3/GPF3
13	EINT4	EINT4/GPF4
14	EINT5	EINT5/GPF5
15	EINT6	EINT6/GPF6
16	EINT8	EINT8/GPG0
17	EINT9	EINT9/GPG1
18	EINT11	EINT11/GPG3/nSS1
19	EINT13	EINT13/GPG5/SPIMISO1
20	EINT14	EINT14/GPG6/SPIMOSI1
21	EINT15	EINT15/GPG7/SPICLK1
22	EINT17	EINT17/GPG9/nRST1

（续表）

CON4	网 络 名 称	说明（有些端口可复用）
23	EINT18	EINT18/GPG10/nCTS1
24	EINT19	EINT19/GPG11
25	SPIMISO	SPIMISO/GPE11
26	SPIMOSI	SPIMOSI/EINT14/GPG6
27	SPICLK	SPICLK/GPE13
28	nSS_SPI	nSS_SPI/EINT10/GPG2
29	I2CSCL	I2CSCL/GPE14
30	I2CSDA	I2CSDA/GPE15
31	GPB0	TOUT0/ GPB0
32	GPB1	TOUT1/ GPB1
33	CLKOUT0	CLKOUT0/GPH9
34	CLKOUT1	CLKOUT1/GPH10

7．开发板 BIOS 功能及使用说明

开机进入 BIOS 模式说明如下。

本开发板所附光盘提供了两个 supervivi 文件：supervivi-64M 和 supervivi-128M。其中，supervivi-64M 适用于 64M Nand Flash 版 mini2440/micro2440，supervivi-128M 适用于 128M /256M/512M/1GB 版本的 Nand Flash 版 mini2440/micro2440。Supervivi 在出厂的时候已经预装入开发板的 Nor Flash 中，设置拨动开关 S2 为 Nor Flash 启动，即可进入 BIOS 模式，此时开发板上的绿色 LED1 会呈现闪烁状态，其启动界面如图2-11 所示。

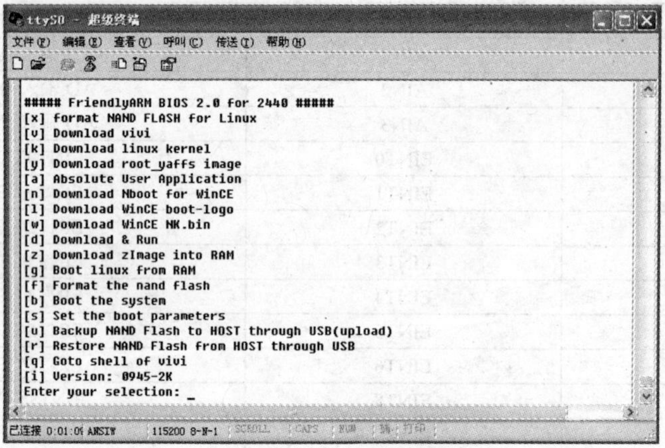
ttyS0 - 超级终端
文件(F) 编辑(E) 查看(V) 呼叫(C) 传送(T) 帮助(H)
FriendlyARM BIOS 2.0 for 2440
[x] format NAND FLASH for Linux
[v] Download vivi
[k] Download linux kernel
[y] Download root_yaffs image
[a] Absolute User Application
[n] Download Nboot for WinCE
[l] Download WinCE boot-logo
[w] Download WinCE NK.bin
[d] Download & Run
[z] Download zImage into RAM
[g] Boot linux from RAM
[f] Format the nand flash
[b] Boot the system
[s] Set the boot parameters
[u] Backup NAND Flash to HOST through USB(upload)
[r] Restore NAND Flash from HOST through USB
[q] Goto shell of vivi
[i] Version: 0945-2K
Enter your selection: _
已连接 0:01:01 ANSIW 115200 8-N-1 SCROLL CAPS NUM

图 2-11　启动界面

Supervivi 简介如下。

开发板采用的 BIOS 是基于三星原来的 bootloader 之 vivi 改进而来，名为 Supervivi，它采用功能菜单的方式，并可以和原来的命令交互模式互相切换。

Supervivi 可以使用JTAG 板（一般借助H-JTAG 软件）直接烧写入Nor Flash 中使用，也可以直接烧写入Nand Flash 中运行。当烧写入Nor Flash 并从中运行时，将会出现菜单模式；当烧入Nand Flash并从中运行时，按下开发板上的任意一个按键，也可以出现菜单模式，否则会启动开发板上预装的操作系统（Linux）。

Supervivi 的菜单模式主要为烧写系统和调试而用，也可以设置参数和进行分区等，它采用 USB 下载的方式，因此搭建烧写环境极为简单，并且下载速度快，使用十分方便。如果Supervivi 被烧写入Nor Flash（默认），不仅可以用它下载更新Linux 系统，还可以烧写其他任何支持Nand Flash 启动的操作系统和非操作系统到Nand Flash，如uCos2，U-boot，Nboot，2440test 等，然后再选择系统从Nand Flash 启动。

如果Supervivi 被烧写入Nand Flash，它可以自动识别烧写的Linux 系统或者其他系统，并快速自动启动它们。在本手册的“安装和更新系统”一节，就直接使用它来作为boot loader。

另外，使用Download & Run 功能，还可以把程序下载到内存马上运行，这对于开发调试是极有帮助的，这样，甚至不使用仿真器都可以，光盘中的2440test 程序就是这样一个实例。

使用 supervivi 还可以把 Linux 内核文件 zImage 直接下载到内存中运行，如果在supervivi 中设定好网络启动参数，则还可以通过网络启动整个系统。同样，suerpvivi 也可以把WinCE 的运行映像文件NK.nb0下载在内存中运行。

8. 安装USB下载驱动

注意：此处安装的USB 驱动仅在BIOS 模式下有用，它需要配合dnw.exe 软件使用，进入Linux 或者WinCE系统都不会使用该驱动。

说明：安装 USB下载驱动不需要连接开发板，该安装是独立进行的。

（1）双击运行光盘中的“Windows 平台工具\usb 下载驱动\ FriendlyARM USB Download Driver Setup_20090421.exe”安装程序，开始安装USB 下载驱动，如图2-12所示。

图2-12　USB下载驱动安装图标

（2）双击图标后出现安装界面，如图2-13所示。

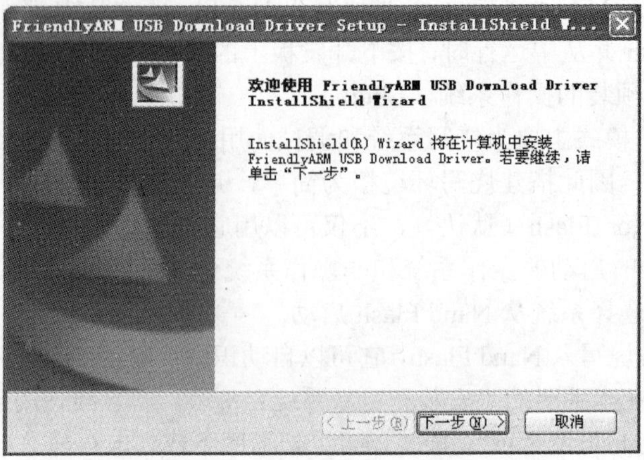
FriendlyARM USB Download Driver Setup - InstallShield W...
欢迎使用 FriendlyARM USB Download Driver InstallShield Wizard
InstallShield(R) Wizard 将在计算机中安装 FriendlyARM USB Download Driver。若要继续，请单击“下一步”。
< 上一步(B)
下一步(N) >
取消

图 2-13　USB 下载驱动安装界面

（3）单击“下一步”继续，出现安装进度界面，如图2-14所示。

（4）此时会弹出警告界面，如图2-15所示。

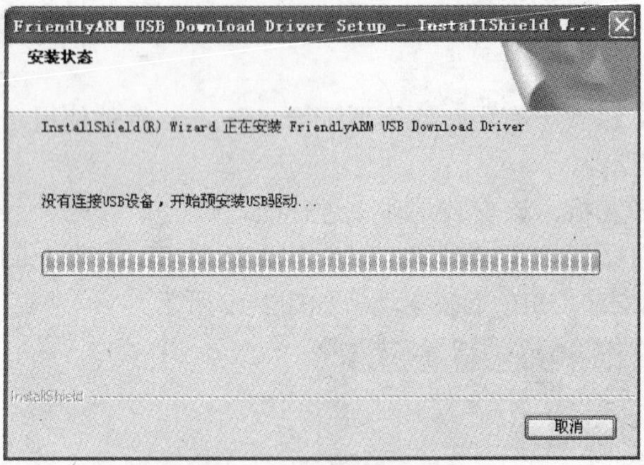
FriendlyARM USB Download Driver Setup - InstallShield W...
安装状态
InstallShield(R) Wizard 正在安装 FriendlyARM USB Download Driver
没有连接USB设备，开始预安装USB驱动...
InstallShield
取消

图 2-14　安装过程界面

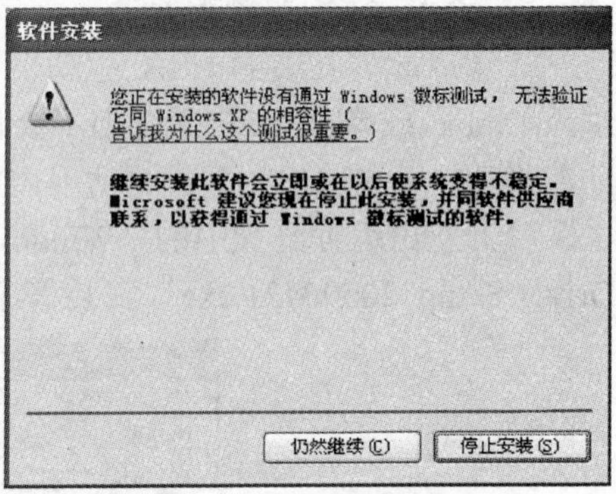
软件安装
您正在安装的软件没有通过 Windows 徽标测试，无法验证它同 Windows XP 的相容性。(告诉我为什么这个测试很重要。)
继续安装此软件会立即或在以后使系统变得不稳定。Microsoft 建议您现在停止此安装，并同软件供应商联系，以获得通过 Windows 徽标测试的软件。
仍然继续(C)
停止安装(S)

图 2-15　软件安装警告界面

（5）单击“仍然继续”，USB 下载驱动会很快安装完毕，如图2-16所示。

（6）下面检测 USB 驱动。首先设置开发板的拨动开关 S2 为 Nor Flash 启动，连接好附带的 USB 线和电源（可以不必连接串口线）。

打开电源开关 S1，如果是第一次使用，Windows XP 系统会提示发现了新的 USB 设备，并出现如图2-17所示界面，在此选择“否，暂时不（T）”，单击“下一步”继续。

（7）出现如图2-18提示后，选择“自动安装软件”，单击“下一步”继续。

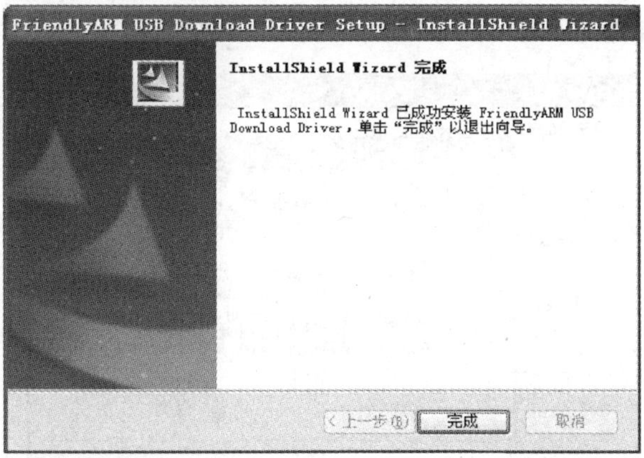
FriendlyARM USB Download Driver Setup - InstallShield Wizard
InstallShield Wizard 完成
InstallShield Wizard 已成功安装 FriendlyARM USB Download Driver，单击“完成”以退出向导。
< 上一步(B)
完成
取消

图 2-16　USB 下载驱动安装完成界面

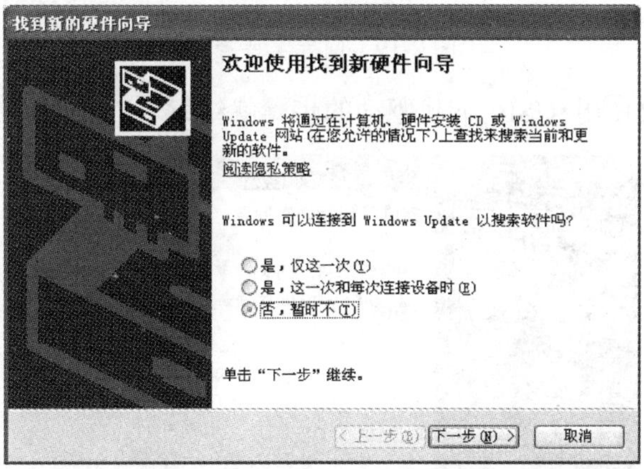
找到新的硬件向导
欢迎使用找到新硬件向导
Windows 将通过在计算机、硬件安装 CD 或 Windows Update 网站(在您允许的情况下)上查找来搜索当前和更新的软件。
阅读隐私策略
Windows 可以连接到 Windows Update 以搜索软件吗?
是，仅这一次(Y)
是，这一次和每次连接设备时(E)
否，暂时不(T)
单击“下一步”继续。
< 上一步(B)
下一步(N) >
取消

图 2-17　找到新的硬件向导界面

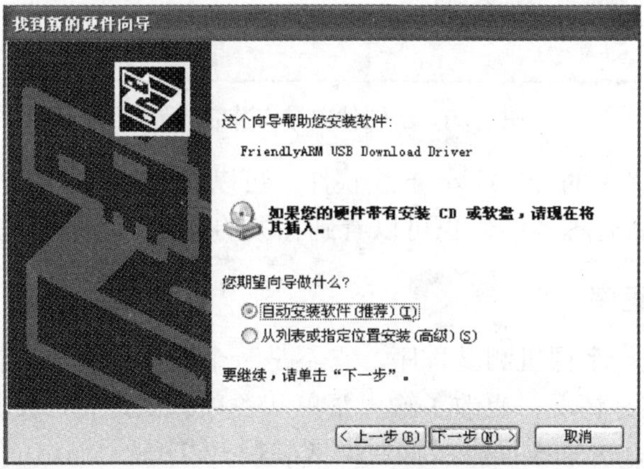
找到新的硬件向导
这个向导帮助您安装软件:
FriendlyARM USB Download Driver
如果您的硬件带有安装 CD 或软盘，请现在将其插入。
您期望向导做什么?
自动安装软件(推荐)(I)
从列表或指定位置安装(高级)(S)
要继续，请单击“下一步”。
< 上一步(B)
下一步(N) >
取消

图 2-18　新硬件向导安装方法选择

（8）然后出现警告界面，如图2-19所示，单击“仍然继续”。

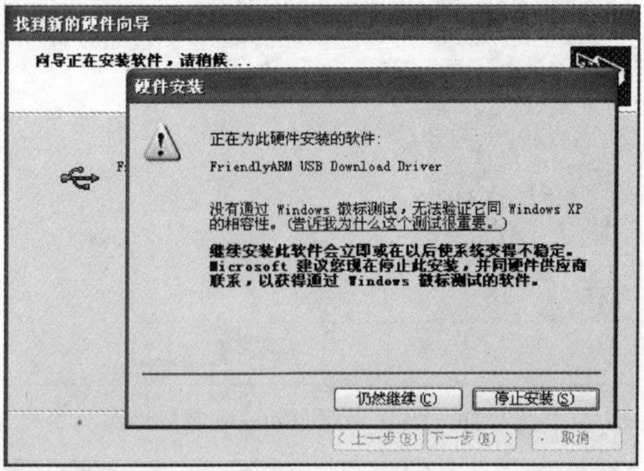
找到新的硬件向导
向导正在安装软件，请稍候...
硬件安装
正在为此硬件安装的软件:
FriendlyARM USB Download Driver
没有通过 Windows 徽标测试，无法验证它同 Windows XP 的相容性。(告诉我为什么这个测试很重要。)
继续安装此软件会立即或在以后使系统变得不稳定。Microsoft 建议您现在停止此安装，并同硬件供应商联系，以获得通过 Windows 徽标测试的软件。
仍然继续(C)
停止安装(S)
<上一步(B)
下一步(N)>
取消

图 2-19　向导安装警告

（9）至此，第一次使用 USB 下载驱动的步骤就结束了，界面如图2-20所示。

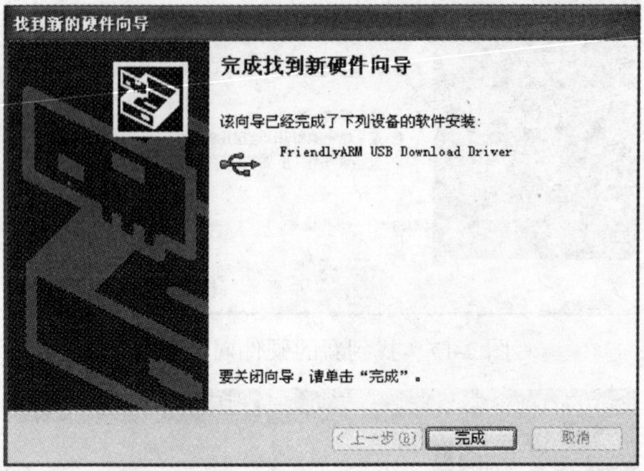
找到新的硬件向导
完成找到新硬件向导
该向导已经完成了下列设备的软件安装:
FriendlyARM USB Download Driver
要关闭向导，请单击“完成”。
<上一步(B)
完成
取消

图 2-20　新硬件向导安装完成界面

（10）此时打开光盘中的 dnw.exe 下载软件，可以看到 USB 连接 OK，如图2-21所示。
（11）在计算机设备管理器中，也可以看到相关的 USB 下载驱动信息，如图2-22所示。

9. 下载运行测试程序

说明：2440test 是一个裸机测试程序，它不是一个操作系统，该程序由三星原厂的同名文件修改而来。根据实际情况，更改了输出菜单和各项测试内容，使其更加简洁明了，为了方便用户测试和使用，还分别编译出了针对不同类型 LCD 显示输出的可执行二进制文件（见表 2.2），用户使用本节的步骤通过 USB 下载到内存中即可运行，区别之处在于默认显示和

LCD 显示输出的类型不同；实际上它们都是使用相同的代码编译出的，只需在头文件中更改一下 LCD 类型（2440test\inc\Option.h 中“LCD_TYPE”定义）即可。

在光盘“images\2440test\”目录中找到 2440test.bin 文件，通过 BIOS 下载运行该测试程序，文件名称及说明见表 2-2。

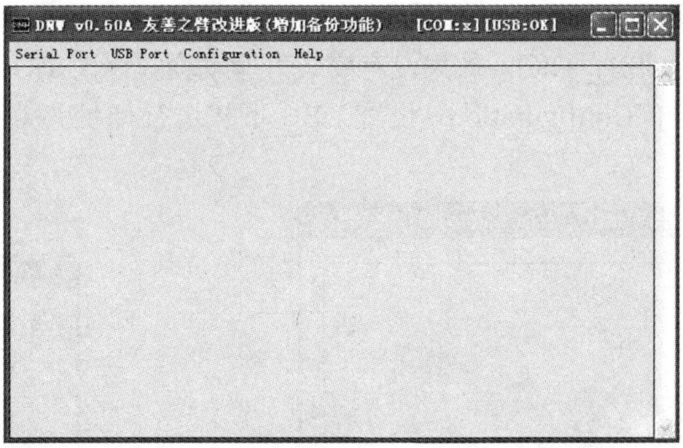

图 2-21　DNW 启动界面

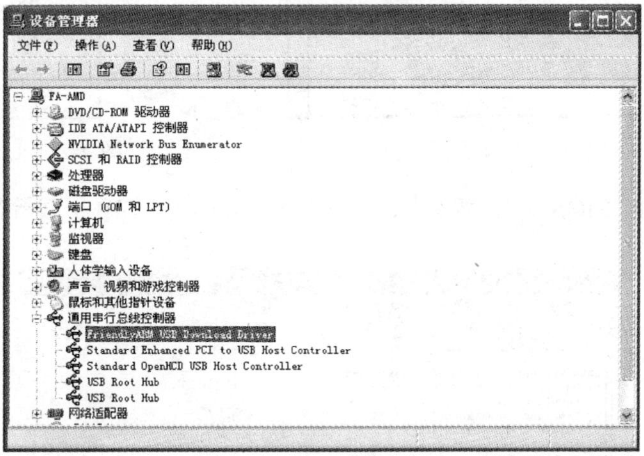

图 2-22　设备管理器界面

表 2-2　二进制文件及说明表

<table>
<tr><th>文 件 名</th><th>说　明</th><th>备　注</th></tr>
<tr><td>2440test_N35.bin</td><td>默认显示输出支持 NEC3."LCD</td><td rowspan="5">① 因为它们的代码都是相同的，以下把这几个针对不同显示输出的测试文件统称为 2440test.bin
② 2440test 可以兼容 64M/128M 友善之臂 2440 开发板</td></tr>
<tr><td>2440test_T35.bin</td><td>默认显示输出支持统宝 3.5"LCD</td></tr>
<tr><td>2440test_L80.bin</td><td>默认显示输出支持 Sharp 8"LCD（或兼容）</td></tr>
<tr><td>2440test_A70.bin</td><td>默认显示输出支持群创 7"LCD</td></tr>
<tr><td>2440test_VGA1024x768.bin</td><td>默认显示输出支持 VGA（分辨率：1024×768@70Hz）</td></tr>
</table>

在友善之臂开发板随板附赠的光盘的“images\2440test\”目录中可以找到 2440test.bin 文件，通过 BIOS 下载运行该测试程序，步骤如下。

① 连接好开发板电源、串口线、USB 线，并设置拨动开关 S2 为 Nor Flash 启动系统，依次打开串口超级终端和 DNW，上电启动开发板。

② 保证 USB 驱动已经安装好（前面已经详细介绍了 USB 驱动的安装方法），这时可以看到 DNW 的标题栏显示[USB：OK]，如果没有安装好驱动会显示[USB：x]，如图2-23 所示。

③ 单击 DNW 菜单 Configuration，设置 USB 下载运行地址为 0×30000000，设置界面如图2-24所示。

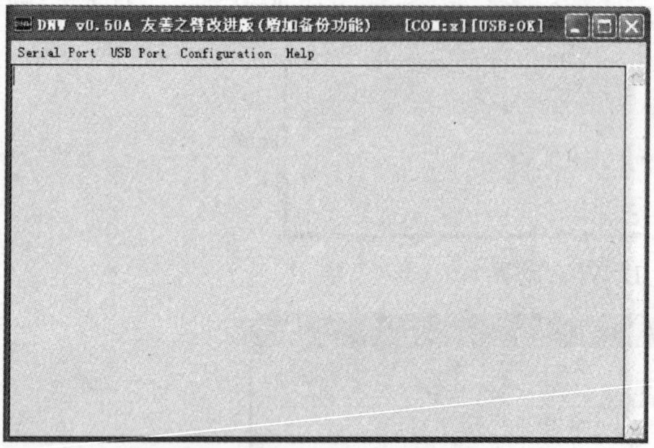

图 2-23 DNW 正常启动界面

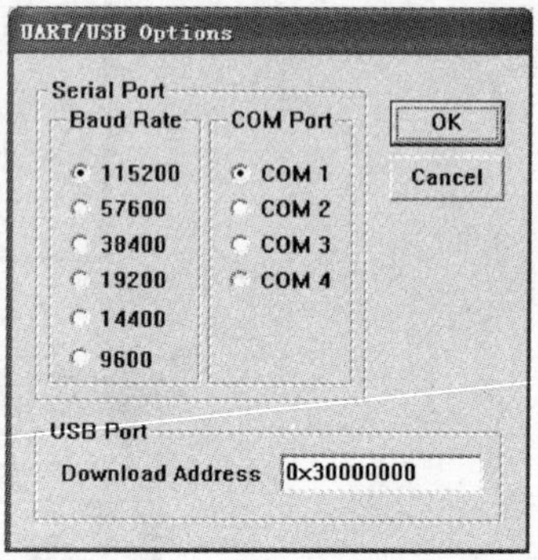

图 2-24 UART/USB 选项设置界面

④ 在超级终端的 BIOS 功能菜单中选择功能号[d]，出现 USB 下载等待提示信息，如图2-25 所示。

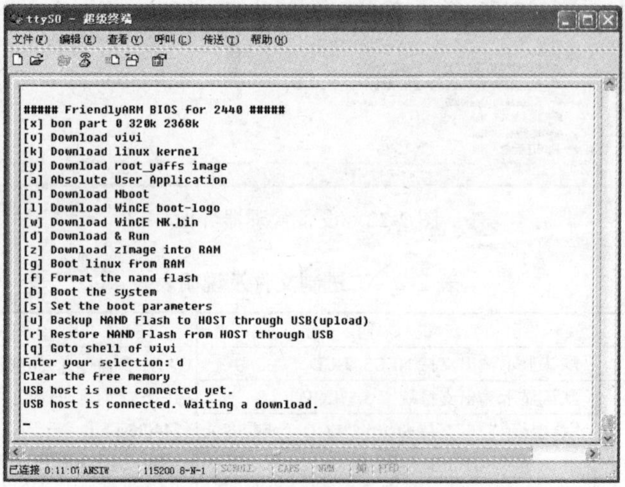

图 2-25 超级终端的 BIOS 功能菜单选择界面

⑤ 单击 DNW 程序的“USB Port”口“Transmit”，选择 2440test.bin 这个镜像文件（在光盘的 images\2440test\目录下面），选择界面如图2-26所示，接着单击“打开”按钮，就开始下载了。

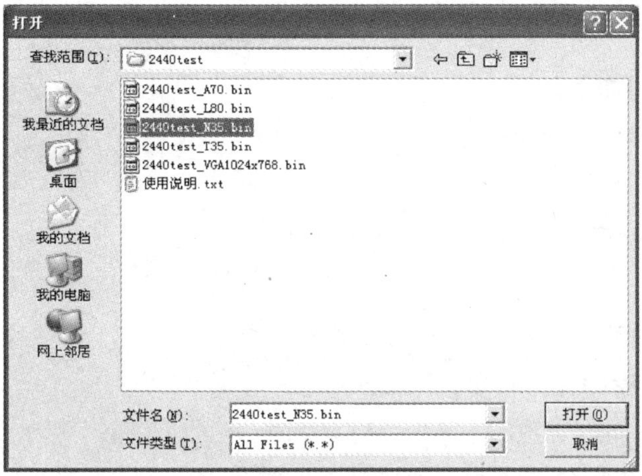

图 2-26　镜像文件选择对话框

⑥ 下载结束后，会自动运行，界面如图2-27所示，同时在 LCD 上会出现一幅“向日葵”画面，如图2-28所示。

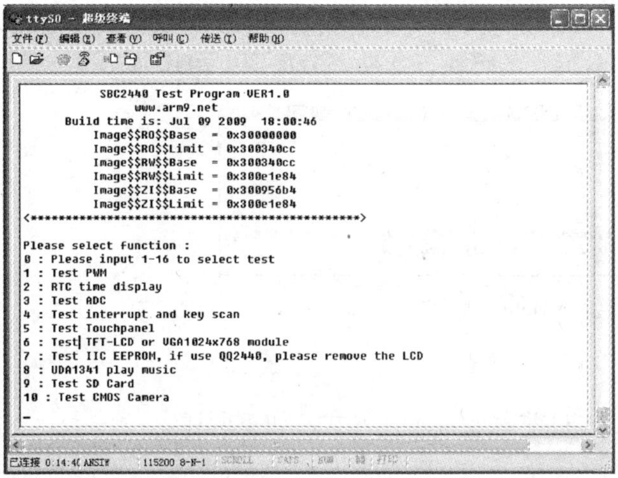

图 2-27　运行显示界面

图 2-28　NEC3.5 寸屏显示界面

说明：2440test 运行起来之后，supervivi 就失去了对 CPU 的控制权，而 2440test 本身是没有 USB 部分支持的，因此此时会出现 USB 断开的情况。

2.4 任务实现

2.4.1 编写 Hello 程序

1. 编写 Hello 程序源码

Hello 程序源代码如下。

```
#include <stdio.h>
int main(void)
{
    printf("hello, FriendlyARM!\n");
}
```

2. 编译 Hello 程序

首先进入测试程序源代码目录：

```
#cd /examples/hello
```

然后，使用命令行进行手工交叉编译示例程序：

```
#arm-linux-gcc -o hello main.c
```

或者借助编译脚本进行编译：

```
#make
```

最后将生成 hello 可执行文件，使用 file 命令可以检查生成的 hello 可执行文件是否为 ARM 体系和格式版本，能在开发板上正常运行的可执行文件一般如图2-29所示。

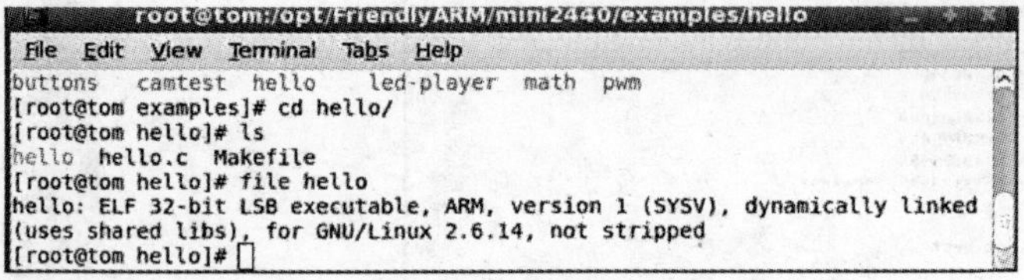
root@tom:/opt/FriendlyARM/mini2440/examples/hello
File Edit View Terminal Tabs Help
buttons camtest hello led-player math pwm
[root@tom examples]# cd hello/
[root@tom hello]# ls
hello hello.c Makefile
[root@tom hello]# file hello
hello: ELF 32-bit LSB executable, ARM, version 1 (SYSV), dynamically linked
(uses shared libs), for GNU/Linux 2.6.14, not stripped
[root@tom hello]#

图 2-29 编译 Hello 程序界面

3. 烧写 Hello 程序并运行

将编译好的可执行文件下载到目标板，目前主要有 4 种方式，如下所述。

① 复制到介质（如 U 盘）；

② 通过网络传送文件到开发板（推荐使用）；

③ 通过串口传送文件到开发板；

④ 通过 NFS（网络文件系统）直接运行。

最常用的方法就是采用 NFS 来执行各种程序，这样可以不必花费很多时间下载程序，一旦应用程序变得越来越大，使用 NFS 运行就越方便。如前面所述，先按照项目 1 搭建好 NFS 服务器系统，然后在命令行输入如下命令（假定服务器的 IP 地址为 192.168.1.123）。

```
#mount -t nfs -o nolock 192.168.1.123:/home/mnt
```

挂接成功，就可以进入/mnt 目录进行操作了，在 PC Linux 终端把 hello 复制到/home 目录，然后在开发板的串口终端执行：

```
#cd /mnt
#./hello
```

执行 hello 程序后的界面如图2-30所示。

ttyS0 - 超级终端
文件(F) 编辑(E) 查看(V) 呼叫(C) 传送(T) 帮助(H)
usb 1-1: Product: DataTraveler 2.0
usb 1-1: Manufacturer: Kingston
usb 1-1: SerialNumber: 001AA0A0BF1AC8C1155A0318
usb 1-1: configuration #1 chosen from 1 choice
scsi1 : SCSI emulation for USB Mass Storage devices
scsi 1:0:0:0: Direct-Access Kingston DataTraveler 2.0 1.00 PQ: 0 ANSI: 2
sd 1:0:0:0: [sda] 7823296 512-byte hardware sectors: (4.00 GB/3.72 GiB)
sd 1:0:0:0: [sda] Write Protect is off
sd 1:0:0:0: [sda] Assuming drive cache: write through
sd 1:0:0:0: [sda] 7823296 512-byte hardware sectors: (4.00 GB/3.72 GiB)
sd 1:0:0:0: [sda] Write Protect is off
sd 1:0:0:0: [sda] Assuming drive cache: write through
sda: sda1
sd 1:0:0:0: [sda] Attached SCSI removable disk
FAT: utf8 is not a recommended IO charset for FAT filesystems, filesystem will b
e case sensitive!
[root@FriendlyARM /]# cd /udisk/
[root@FriendlyARM /udisk]# ls
hello
[root@FriendlyARM /udisk]# ./hello
hello, FriendlyARM!
[root@FriendlyARM /udisk]# _
已连接 0:54:43 ANSIW 115200 8-N-1

图 2-30 超级终端执行烧写 hello 程序界面

2.4.2 编写 LED 程序

1. LED 引脚说明

LED 是开发中最常用的状态指示设备，开发板具有 4 个用户可编程 LED，它们直接与 CPU 的 GPIO 相连接，低电平有效（点亮），详细的资源占用见表 2-3。

表 2-3 LED 引脚说明

	LED1	LED2	LED3	LED4
GPIO	GPB5	GPB6	GPB7	GPB8
可复用为	nXBACK	NXREQ	nXDACK1	nDREQ1
在原理图中的网络名	nLED_1	NLED2	nLED3	nLED_4

2．编写 LED 程序源码并编译

LED 程序源代码如下。

```
#include<stdio.h>
#include<stdlib.h>
#include<unistd.h>
#include<sys/ioctl.h>
int main(int argc, char **argv)     //运行时参数传递，开或关选择对应 LED
{
int on;                              //定义 led 状态变量，1 表示灯亮，2 表示灯灭
int led_no;                          //定义 led 变量
int fd;                              //定义 led 设备文件描述符的变量
if (argc != 3 || /*判断命令输入参数个数*/sscanf(argv[1], "%d", &led_no) !=
1 ||    /* 第一个字符串参数表示要操作 led*/sscanf(argv[2],"%d", &on) != 1 ||
    /*第 2 个字符串参数作为 LED 状态*/on < 0 || on > 1 || /*开和关，两个状态*/
led_no < 0 || led_no > 3 ) /*4 个 LED*/
{
fprintf(stderr, "Usage: leds led_no 0|1\n"); //条件不满足输出错误信息
exit(1);                                  //退出程序,返回 1，表示出现错误
}
fd = open("/dev/leds0", 0);               //只读打开 leds0 文件，取出文件描述符
if (fd < 0)
{
            fd = open("/dev/leds", 0); //如果打开 leds0 出错，尝试再次打开
}
if (fd < 0)                               //检测文件描述符，
{
            perror("open device leds");//用 perror 输出出错原因及信息
exit(1);                                  //出错退出
}
ioctl(fd, on, led_no);                    //用 ioctl()函数控制 LED
close(fd);                                //关闭 LED 描述符，与前面 open()对应
return 0;                                 //正常返回
}
```

3．烧写 LED 程序并运行

可以按照上面的 Hello 程序的步骤手工编译出 LED 可执行文件，然后下载到开发板运行。

2.4.3　编写按键程序

1．按键引脚说明

本开发板总共有 6 个用户测试功能按键，它们均从 CPU 中断引脚直接引出，属于低电平触发，这些引脚也可以复用为 GPIO 和特殊功能口。为了用户把它们作为其他用途使用，这 6 个引脚也可通过 CON12 引出。6 个按键和 CON12 的定义见表 2-4，电路图及实物图如图 2-31 所示。

表 2-4　按键引脚说明

	K1	K2	K3	K4	K5	K6
对应的中断	EINT8	EINT11	EINT13	EINT14	EINT15	EINT19
复用的 GPIO	GPG0	GPG3	GPG5	GPG6	GPG7	GPG11
特殊功能口	无	nSS1	SPIMISO1	SPIMOSI1	SPICLK1	TCLK1
对应的 CON12 引脚	CON12.1	CON12.2	CON12.3	CON12.4	CON12.5	CON12.6

说明：CON12.7 为电源（3.3V），CON12.8 为地（GND）。

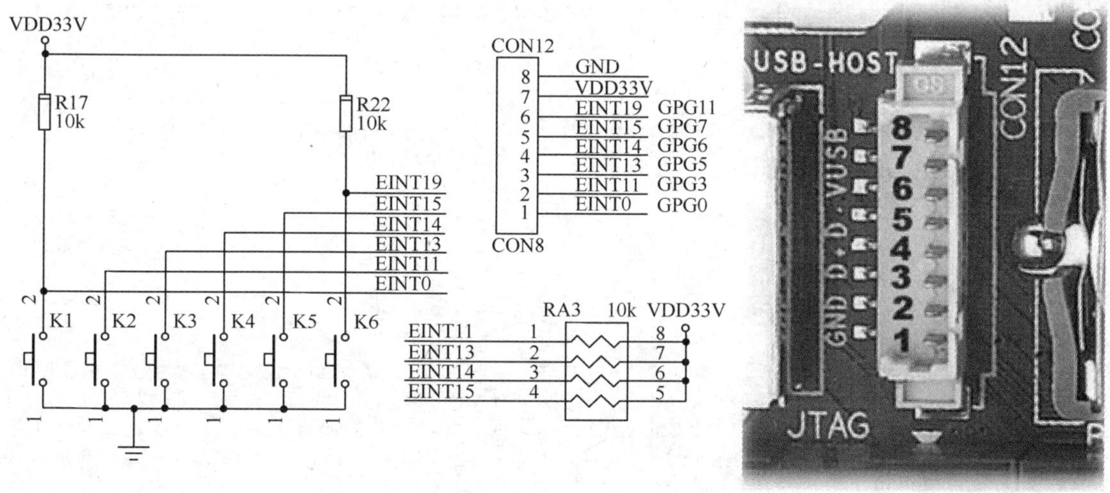

图 2-31　按键电路图与实物图

2．编写按键程序源码并编译

按键程序源代码如下。

```
#include<stdio.h>
#include<stdlib.h>
#include<unistd.h>
#include<sys/ioctl.h>
```

```
    #include<sys/types.h>
    #include<sys/stat.h>
    #include<fcntl.h>
    #include<sys/select.h>
    #include<sys/time.h>
    #include<errno.h>
    int main(void)
    {
        int buttons_fd;
        char buttons[6] = {'0', '0', '0', '0', '0', '0'}; //定义数组
        buttons_fd = open("/dev/buttons", 0);   //只读打开 buttons 设备文件
        if (buttons_fd < 0)                     //判断返回值
         {
           perror("open device buttons");   //返回报错信息
           exit(1);                         //退出
         }
        for (;;)
         {
           char current_buttons[6];         //定义数组
           int count_of_changed_key;
           int i;
           if (read(buttons_fd, current_buttons, sizeof current_buttons) !=
sizeof current_buttons)  /*读取 button_fd 文件 6 个字符设备信息存放到 current_
buttons 中并判断长度是否符合要求*/
           {
             perror("read buttons:");         //返回报错信息
             exit(1);                         //退出
           }
         for (i = 0, count_of_changed_key = 0; i < sizeof buttons / sizeof
buttons[0]; i++)                              //循环 6 次，比较两个数组值的差异
           {
            if (buttons[i] != current_buttons[i])
            {
             buttons[i] = current_buttons[i];//值不同时给 buttons 数组重新赋值
             printf("%skey %d is %s", count_of_changed_key? ", ": "", i+1,
buttons[i] =='0' ? "up" : "down");          // "0" 显示 up, "1" 显示 down
             count_of_changed_key++;          // count_of_changed_key 自加为 1
            }
           }
          if (count_of_changed_key)           //判断 count_of_changed_key 值
           {
             printf("\n");                    //换行
           }
        }
        close(buttons_fd);                    //关闭设备文件
        return 0;                             //返回
    }
```

3. 烧写 LED 程序并运行

按照上面的 Hello 程序的步骤手工编译出 buttons 可执行文件，然后下载到开发板运行。

2.4.4　编写 PWM 控制蜂鸣器程序

1. 蜂鸣器引脚说明

开发板的蜂鸣器 SPEAKER 是通过 PWM 控制的，原理图如图2-32 所示，其中 GPB0 可通过软件设置为 PWM 输出。

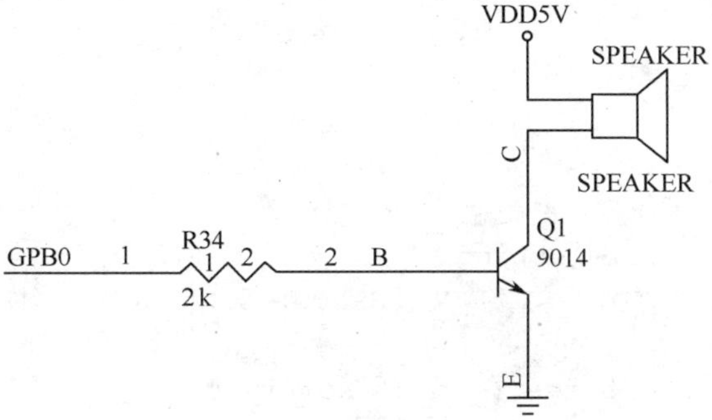

图 2-32　蜂鸣器控制原理图

2. 编写蜂鸣器程序并编译

蜂鸣器程序源代码如下。

```
#include<stdio.h>
#include<termios.h>
#include<unistd.h>
#include<stdlib.h>
#define PWM_IOCTL_SET_FREQ  1                    //宏定义脉宽控制
#define PWM_IOCTL_STOP    2
#define ESC_KEY 0x1b
static int getch(void)                           //获取键盘字符函数
{
 struct termios oldt,newt;                       //终端设备结构体
 int ch;
 if (!isatty(STDIN_FILENO))                      //终端检测
 {
  fprintf(stderr, "this problem should be run at a terminal\n");
  exit(1);
 }
```

```
// save terminal setting
  if(tcgetattr(STDIN_FILENO, &oldt) < 0)        //获得终端属性
  {
    perror("save the terminal setting");
    exit(1);
  }
// set terminal as need
  newt = oldt;
  newt.c_lflag &= ~(ICANON | ECHO );             //设置无回显属性
  if(tcsetattr(STDIN_FILENO,TCSANOW, &newt)<0) //设置新的终端属性
  {
    perror("set terminal");
    exit(1);
  }
  ch = getchar();//从键盘输入一个数据
// restore termial setting
  if(tcsetattr(STDIN_FILENO,TCSANOW,&oldt)<0)  //恢复终端设备初始设置
  {
    perror("restore the termial setting");
    exit(1);
  }
  return ch;                                     //将获取的字符返回
}
static int fd = -1;
static void close_buzzer(void);
static void open_buzzer(void)                    //打开 PWM 设备函数
{
  fd = open("/dev/pwm", 0);                      //只读打开 PWM 设备文件
  if (fd < 0)
  {
    perror("open pwm_buzzer device");
    exit(1);
  }
// any function exit call will stop the buzzer
  atexit(close_buzzer);
}
static void close_buzzer(void)                   //关闭 PWM 设备函数
{
  if (fd >= 0)
  {
```

```
    ioctl(fd, PWM_IOCTL_STOP);
    close(fd);                    //关闭 PWM 描述符，与前面 open()对应
    fd = -1;
  }
}
static void set_buzzer_freq(int freq)       //设置 PWM 频率函数
{
// this IOCTL command is the key to set frequency
  int ret = ioctl(fd, PWM_IOCTL_SET_FREQ, freq);
  if(ret < 0)
  {
    perror("set the frequency of the buzzer");
    exit(1);
  }
}
static void stop_buzzer(void)  //停止蜂鸣函数，此处只停止蜂鸣，并没有关闭设备
{
  int ret = ioctl(fd, PWM_IOCTL_STOP);
  if(ret < 0)
  {
    perror("stop the buzzer");
    exit(1);
  }
}
int main(int argc, char **argv)//主函数
{
  int freq = 1000 ;
  open_buzzer();
  printf( "\nBUZZER TEST ( PWM Control )\n" );
  printf( "Press +/- to increase/reduce the frequency of the BUZZER\n" ) ;
  printf( "Press 'ESC' key to Exit this program\n\n" );
  while( 1 )
  {
    int key;
    set_buzzer_freq(freq);       //设置频率
    printf( "\tFreq = %d\n", freq );
    key = getch();               //获取键盘输入
    switch(key)
    {
      case '+':                  //输入为“+”
      if( freq < 20000 )         //判断频率值是否小于 2000
      freq += 10;                //满足条件频率加 10
      break;                     //退出
      case '-':                  //输入为“-”
```

```
            if( freq > 11 )                  //判断频率值是否大于 11
            freq -= 10 ;                     //满足条件频率减 10
            break;                           //退出
            case ESC_KEY:                    //输入为“ESC”
            case EOF:
            stop_buzzer();                   //停止蜂鸣
            exit(0);
            default:                         //其他情况退出
            break;
        }
    }
}
```

3．烧写蜂鸣器程序并运行

按照上面的 Hello 程序的步骤手工编译出 buzzer 可执行文件，然后下载到开发板运行。

2.4.5　编写 A/D 输入程序

1．A/D 引脚说明

本开发板总共可以引出 4 路 A/D（模/数）转换通道，它们位于板上的 CON4-GPIO 接口，为了测试方便，AIN0 连接到了开发板上的可调电阻 W1，原理图及实物图如图2-33 所示。

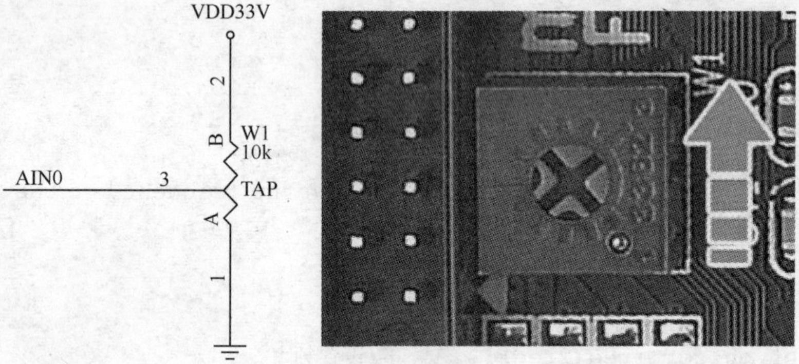

图 2-33　可调电阻原理图及实物图

2．A/D 转换的基本原理

（1）采样和量化。

作用：经常遇到的物理参数，如电流、电压、温度、压力、速度…，电量和非电量都是模拟量。模拟量的大小是连续分布的，且通常都是时间上的连续函数。因此要将模拟量转换成数字信号需经采样—量化—编码三个基本过程（数字化过程）。

① 采样。按采样定理对模拟信号进行等时间间隔采样，用得到的一系列时域上的样值代替 $u=f(t)$，即用 u_0、u_1、…、u_n 代替 $u=f(t)$。

这些样值在时间上是离散的值，但在幅度上仍然是连续模拟量。

② 量化。在幅值上采用离散值来表示。方法是用一个量化因子 Q 去度量 u_1、u_2、…，得到取整后的数字量。

$u_0=2.4Q$　=>$2Q$　010

$u_1=4.0Q$　=>$4Q$　100

$u_2=5.2Q$　=>$5Q$　101

$u_3=5.8Q$　=>$5Q$　101

③ 编码。将整量化后的数字量进行编码，以便读入和识别。编码仅是对数字量的一种处理方法。

例如：Q=0.5V/格，设用三位（二进制编码）

$$u_0=2.4Q \rightarrow 2Q \rightarrow (010)\ u_0=(0\times2^2+1\times2^1+0\times2^0)\times0.5\text{V}=1\text{V}$$

（2）分类。

按被转换的模拟量类型可分为时间/数字、电压/数字、机械变量/数字等。应用最多的是电压/数字转换器，电压/数字转换器又可分为多种类型。

按转换方式可分为：直接转换、间接转换。

按输出方式可分为：并行、串行、串并行。

按转换原理可分为：计数式、比较式。

按转换速度可分为：低速、中速、高速。

按转换精度和分辨率可分为：3 位、4 位、8 位、10 位、12 位、14 位、16 位等。

（3）工作原理。

类似于用天平称物体重量，设有一待测物为 4.42g，满度测量量程 R_{NFS}=5.12g，砝码种类有 4 种：$0.5R_{NFS}$、$0.25R_{NFS}$、$0.125R_{NFS}$、$0.0625R_{NFS}$。

测量方法：先大砝码，后小砝码，依次比较（累计比较），留下的记“1”，去掉的记“0”。

实测物重 G：$1\times0.5\ R_{NFS}+1\times0.25\ R_{NFS}+0\times0.125\ R_{NFS}+1\times0.0625\ R_{NFS}$

第 1 次为：2.56g<4.42g 留下；

第 2 次为：2.56+1.28=3.84g<4.42g 留下；

第 3 次为：3.84+0.64=4.44g>4.42g 去掉；

第 4 次为：3.84+0.32=4.16g <4.42g 留下。

误差= |4.16–4.42| = | –0.26 g | <0.32 g。

误差<最小砝码（最小分辨砝码）。

以上过程通过 4 次比较后，得出结果：误差<最小砝码值。

3. 编写 A/D 程序源码并编译

A/D 程序源码如下。

```
#include<stdio.h>
#include<unistd.h>
#include<stdlib.h>
#include<sys/types.h>
#include<sys/stat.h>
#include<sys/ioctl.h>
#include<fcntl.h>
#include<linux/fs.h>
#include<errno.h>
#include<string.h>
int main(void)
{
    fprintf(stderr, "press Ctrl-C to stop\n");
    int fd = open("/dev/adc", 0);  //以只读方式打开 adc 设备文件
    if (fd < 0)
      {
        perror("open ADC device:");
        return 1;
      }
    for(;;)
      {
        char buffer[30];
        int len = read(fd, buffer, sizeof buffer -1);
//从设备文件中读 30 数据放到 buffer 数组中
        if (len > 0)
          {
            buffer[len] = '\0';
            int value = -1;
            sscanf(buffer, "%d", &value);
//浏览 buffer 中元素并赋值给 value
            printf("ADC Value: %d\n", value);//打印 ADC 值
          }
        else
          {
            perror("read ADC device:");
            return 1;
          }
        usleep(500* 1000);
    }
    close(fd);
}
```

4．烧写A/D程序

可以按照上面的hello程序的步骤手工编译出A/D可执行文件，然后下载到开发板运行。

2.4.6　插入驱动程序

1．驱动程序介绍

设备驱动程序在Linux内核中扮演着特殊角色。它是一个独立的黑盒子，使某个特定的硬件可以响应一个定义良好的内部编程接口，同时完成隐藏设备的工作。用户操作通过一组标准化的调用完成，而这些调用是和特定的驱动程序无关的。将这些调用映射到作用于实际硬件的特定操作上，是设备驱动程序的任务。这个编程接口能使得驱动程序独立于内核的其他部分而建立，在需要的时候，可在运行时“插入”内核。这种模块化的特点，使得Linux驱动程序的编写非常简单。

在Linux系统里，对用户程序而言，设备驱动程序隐藏了设备的具体细节，对各种不同设备提供了一致的接口，一般来说是把设备映射为一个特殊的设备文件（也有设备不做这样的映射），用户程序可以和对其他文件一样对此设备文件进行操作。Linux对硬件设备支持两个标准接口，块特别设备文件和字符特别设备文件。通过块（字符）特别设备文件存取的设备称为块（字符）设备或具有块（字符）设备接口，块设备接口仅支持面向块的I/O操作，所有I/O操作都通过在内核地址空间中的I/O缓冲区进行，它可以运行几乎在任意长度和任意位置上的I/O请求，即提供随机存取的功能。

字符设备接口支持面向字符的I/O操作，它不经过系统的快速缓存，所以它们负责管理自己的缓冲区结构。字符设备接口只支持顺序存取的功能，一般不能进行任意长度的I/O请求，而是限制I/O请求的长度必须是设备要求的基本块长的倍数。显然程序所驱动的串行卡只能提供顺序存取的功能，属于字符设备，因此后面的讨论在两种设备有所区别时都只涉及字符型设备接口，设备由一个主设备号和一个次设备号标识。主设备号唯一标识了设备类型，即设备驱动程序类型，它是块设备表或字符设备表中设备表项的索引。次设备号仅由设备驱动程序解释，一般用于识别在若干可能硬件设备中I/O请求所涉及到的那个设备。

一般来说，字符型设备驱动程序能够提供如下入口点。

① open入口点。打开设备准备I/O操作，对字符特别设备文件进行打开操作都会调用设备的open入口点。open子程序必须对将要进行的I/O操作做好必要的准备工作，如清除缓冲区等。如果设备是独占的，即同一时刻只能有一个程序访问此设备，则open子程序必须设置一些标志以表示设备处于忙状态。

② close入口点。关闭一个设备，当最后一次使用设备终结后，调用close子程序，独占设备必须标记设备可再次使用。

③ read 入口点。从设备上读数据，对于有缓冲区的 I/O 操作，一般是从缓冲区里读数据，对字符特别设备文件进行读操作将调用 read 子程序。

④ write 入口点。往设备上写数据，对于有缓冲区的 I/O 设备操作，一般是把数据写入缓冲区里，对字符特别设备文件进行写操作将调用 write 子程序。

⑤ ioctl 入口点。执行读、写之外的操作，实现对设备的控制。

⑥ select 入口点。检查设备，看数据是否可读或设备是否可用于写数据。系统调用在检查与设备特别文件相关的文件描述符时，使用 select 入口点。

如果设备驱动程序没有提供上述入口点中的某一个，系统会用缺省的子程序来代替，对于不同的系统也还有一些其他的入口点。

2. 插入字符型设备驱动程序

根据 S3C2440 开发板原有的 LED 驱动代码改写一个对其他引脚的驱动。首先复制并重命名/usr/src/linux-2.6.32.2/drivers/char/mini2440_leds.c 文件，将其重命名为 liumeng_leds.c。然后修改 liumeng_leds.c 内部代码，如下所示。

```
#define DEVICE_NAME "liumeng_leds"
static unsigned long led_table [] = {
    S3C2410_GPG(0),
    S3C2410_GPG(1),
    S3C2410_GPG(7),
    S3C2410_GPG(11),
};
```

只需在 LED 驱动代码中修改宏定义的设备文件名称和引脚输出表中的引脚即可，将原先的 GPB 引脚改为 GPG 引脚，GPG0、GPG1、GPG7、GPG11 引脚对应在 CON4 中 16、17、21 和 24 引脚。保存文件，然后修改/usr/src/linux-2.6.32.2/drivers/char/目录下的 Kconfig 配置文件，程序如下。

```
config LEDS_LIUMENG
    tristate "LED Support for Mini2440 GPIO LEDs"
    depends on MACH_MINI2440
    default y if MACH_MINI2440
    help
      This option enables support for LEDs connected to GPIO lines
      on Mini2440 boards.
```

此时回到/usr/src/linux-2.6.32.2 目录下。编译可能会出现编译错误，这主要是 2.6.32.2 内核的友善之臂的 BSP 一个 BUG，源码包里加入了 USB 转串口相关驱动，问题是缺一些文件，在编译驱动模块时出错信息大概是：needed by 'firmware/ti_3410.fw'。

解决方法：在 MAKE MENUCONFIG 菜单里去掉配置 USB 转串口的相关配置。在 MAKE MENUCONFIG 里的 Device 中找到 USB 转 SERIAL 的相关驱动模块，设置为不编译，即非*和非 M，如图 2-34 和图 2-35 所示，并添加上字符设备驱动中的 LED 驱动模块，如图 2-36～图 2-38 所示。

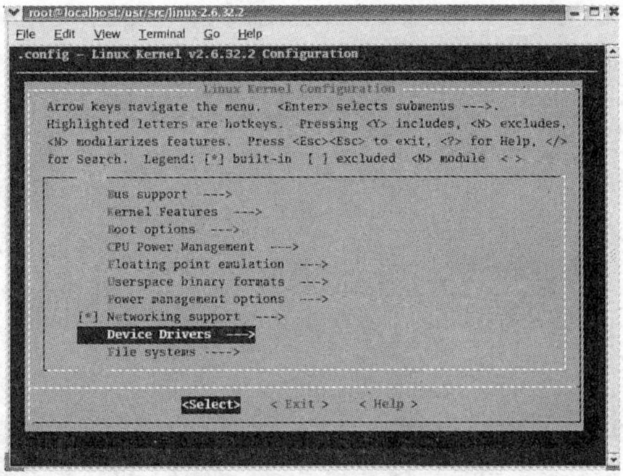
root@localhost:/usr/src/linux-2.6.32.2
File Edit View Terminal Go Help
.config - Linux Kernel v2.6.32.2 Configuration
Linux Kernel Configuration
Arrow keys navigate the menu. <Enter> selects submenus --->. Highlighted letters are hotkeys. Pressing <Y> includes, <N> excludes, <M> modularizes features. Press <Esc><Esc> to exit, <?> for Help, </> for Search. Legend: [*] built-in [ ] excluded <M> module < >
Bus support --->
Kernel Features --->
Boot options --->
CPU Power Management --->
Floating point emulation --->
Userspace binary formats --->
Power management options --->
[*] Networking support --->
Device Drivers --->
File systems --->
<Select> < Exit > < Help >

图 2-34　Device 选项

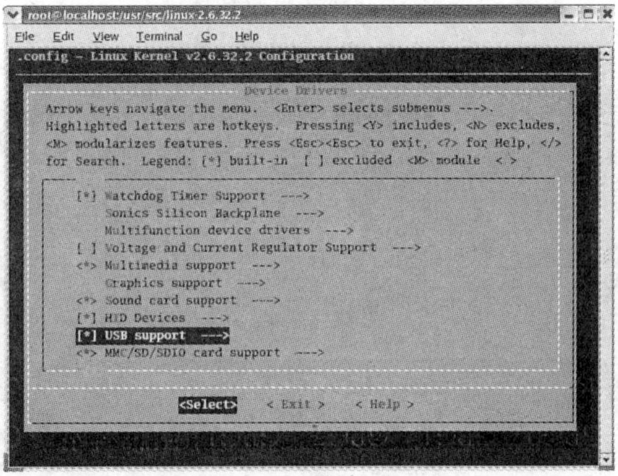
root@localhost:/usr/src/linux-2.6.32.2
File Edit View Terminal Go Help
.config - Linux Kernel v2.6.32.2 Configuration
Device Drivers
Arrow keys navigate the menu. <Enter> selects submenus --->. Highlighted letters are hotkeys. Pressing <Y> includes, <N> excludes, <M> modularizes features. Press <Esc><Esc> to exit, <?> for Help, </> for Search. Legend: [*] built-in [ ] excluded <M> module < >
[*] Watchdog Timer Support --->
Sonics Silicon Backplane --->
Multifunction device drivers --->
[ ] Voltage and Current Regulator Support --->
<*> Multimedia support --->
Graphics support --->
<*> Sound card support --->
[*] HID Devices --->
[*] USB support --->
<*> MMC/SD/SDIO card support --->
<Select> < Exit > < Help >

图 2-35　USB 支持选项

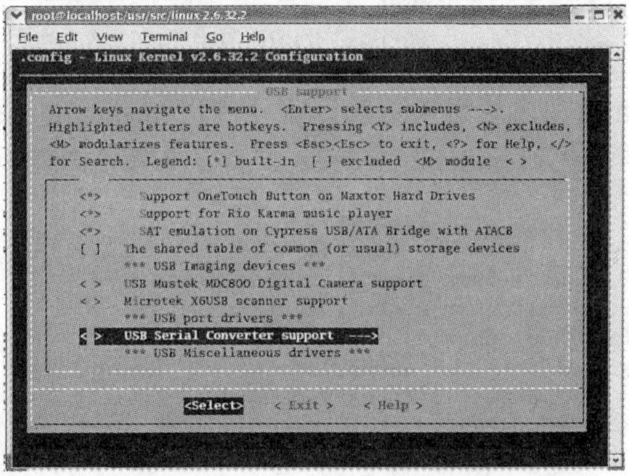
root@localhost:/usr/src/linux-2.6.32.2
File Edit View Terminal Go Help
.config - Linux Kernel v2.6.32.2 Configuration
USB support
Arrow keys navigate the menu. <Enter> selects submenus --->. Highlighted letters are hotkeys. Pressing <Y> includes, <N> excludes, <M> modularizes features. Press <Esc><Esc> to exit, <?> for Help, </> for Search. Legend: [*] built-in [ ] excluded <M> module < >
<*> Support OneTouch Button on Maxtor Hard Drives
<*> Support for Rio Karma music player
<*> SAT emulation on Cypress USB/ATA Bridge with ATACB
[ ] The shared table of common (or usual) storage devices
*** USB Imaging devices ***
< > USB Mustek MDC800 Digital Camera support
< > Microtek X6USB scanner support
*** USB port drivers ***
< > USB Serial Converter support --->
*** USB Miscellaneous drivers ***
<Select> < Exit > < Help >

图 2-36　USB 转串口选项

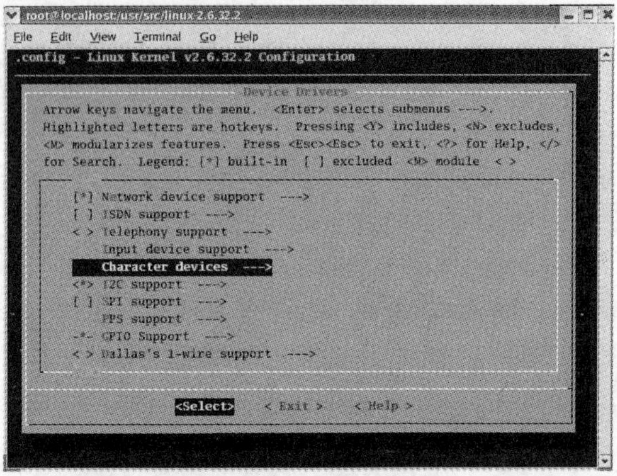
root@localhost:/usr/src/linux-2.6.32.2
File Edit View Terminal Go Help
.config - Linux Kernel v2.6.32.2 Configuration
Device Drivers
Arrow keys navigate the menu. <Enter> selects submenus --->.
Highlighted letters are hotkeys. Pressing <Y> includes, <N> excludes,
<M> modularizes features. Press <Esc><Esc> to exit, <?> for Help, </>
for Search. Legend: [*] built-in [ ] excluded <M> module < >
[*] Network device support --->
[ ] ISDN support --->
< > Telephony support --->
Input device support --->
Character devices --->
<*> I2C support --->
[ ] SPI support --->
PPS support --->
-*- GPIO Support --->
< > Dallas's 1-wire support --->
<Select> < Exit > < Help >

图 2-37　字符驱动选项

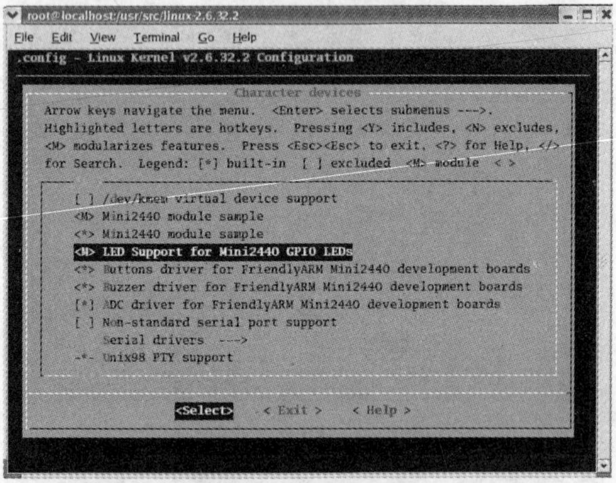
root@localhost:/usr/src/linux-2.6.32.2
File Edit View Terminal Go Help
.config - Linux Kernel v2.6.32.2 Configuration
Character devices
Arrow keys navigate the menu. <Enter> selects submenus --->.
Highlighted letters are hotkeys. Pressing <Y> includes, <N> excludes,
<M> modularizes features. Press <Esc><Esc> to exit, <?> for Help, </>
for Search. Legend: [*] built-in [ ] excluded <M> module < >
[ ] /dev/kmem virtual device support
<M> Mini2440 module sample
<*> Mini2440 module sample
<M> LED Support for Mini2440 GPIO LEDs
<*> Buttons driver for FriendlyARM Mini2440 development boards
<*> Buzzer driver for FriendlyARM Mini2440 development boards
[*] ADC driver for FriendlyARM Mini2440 development boards
[ ] Non-standard serial port support
Serial drivers --->
-*- Unix98 PTY support
<Select> < Exit > < Help >

图 2-38　GPIO 选项

选择保存并退出，此时在内核目录下编译驱动模块#make modules 后，会在/usr/src/linux-2.6.32.2/drivers/char/目录下找到 liumeng_leds.ko 文件，如图 2-39 所示。

```
lp.c                  riscom8.c
lp.ko                 riscom8.h
[root@localhost char]# gedit liumeng_leds.c
[root@localhost char]# gedit liumeng_leds.c
[root@localhost char]# ls liumeng_leds.
liumeng_leds.c       liumeng_leds.ko      liumeng_leds.mod.o
liumeng_leds.c~      liumeng_leds.mod.c   liumeng_leds.o
[root@localhost char]# ls liumeng_leds.
```

图 2-39　liumeng_leds.ko 驱动文件

将编译好的字符型设备驱动程序插入到开发板的系统中。先按照 1.4.11 和 1.4.12 节搭建好超级终端和 NFS 服务器，然后在命令行输入以下命令（假定服务器的 IP 地址为 192.168.1.123）。

```
#mount -o nolock 192.168.1.123:/home  /mnt
```

挂载成功，就可以进入/mnt 目录进行操作了，在 PC Linux 终端把编辑好的设备驱动放到/home 目录，然后在开发板的串口终端执行。

```
#cd  /dev
#insmod /mnt/newpwm.ko            /*加载驱动程序 */
#insmod /mnt/liumeng_leds.ko
#mknod liumeng_led c 101 12       /* c 字符设备 101 主设备号 12 从设备号*/
#/mnt/run                         /*运行测试程序的目标程序*/
```

操作命令界面及运行结果界面如图 2-40 和图 2-41 所示。

图 2-40　终端查看驱动文件

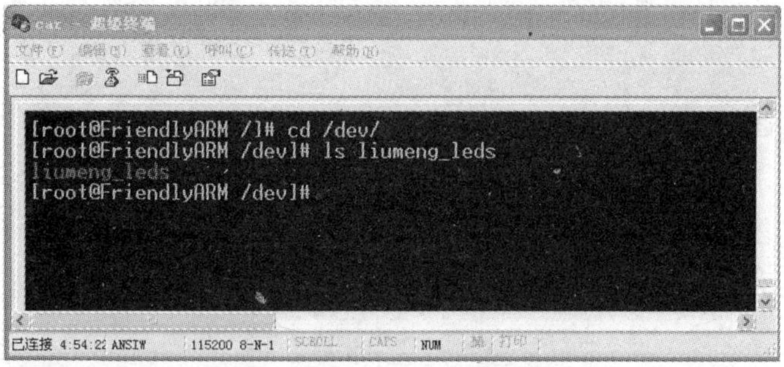

图 2-41　查看添加的设备节点

通过上面的操作步骤，已经可以正确地插入、查看和删除驱动模块了。这些基本操作是 Linux 驱动程序开发的重要部分，熟练应用很重要。

2.5 考核评价

任务 1　编写 GPIO 程序

要求：能独立编写一个测试程序，使得目标板的核心板上的 LED 闪烁产生亮 7s、灭 5s 的效果。程序的执行过程思路清晰、有条理，能圆满回答老师与同学提出的问题，并能提出一些新的建议。

任务 2　编写 ADC 程序

要求：能独立编写一个测试程序，实现 ADC 输入不同值模拟量并在终端显示。程序的执行过程思路清晰、有条理，能圆满回答老师与同学提出的问题，并能提出一些新的建议。

任务 3　编写 PWM 程序

要求：能独立编写一个测试程序，实现不同脉宽输出并在终端显示脉宽间隔时序。程序的执行过程思路清晰、有条理，能圆满回答老师与同学提出的问题，并能提出一些新的建议。

2.6 拓展提高

任务　编写蜂鸣器唱歌程序

要求：能独立编写一个测试程序，根据不同脉宽输出使得蜂鸣器唱出音乐音符。程序的执行过程思路清晰、有条理，能圆满回答老师与同学提出的问题，并能提出一些新的建议。

项目 3　运动模块设计

3.1　项目描述

本项目的主要内容是：运用 S3C2440 的 GPIO 接口编程，使之产生控制电机旋转方向和转速的各种基本控制信号，然后在此基础上编制出能够控制探月小车实现前进、后退、左转弯、右转弯等基本巡航动作的控制函数。

控制电机旋转是探月小车实现各种导航控制的重要基础，在后续的几个功能模块中都要用到对伺服电机的控制，因此本功能模块所设计出的电机控制函数将供后续几个功能模块直接调用。

3.2　教学目标

通过学习与实践，掌握如下知识和技能。

① 掌握 S3C2440 的 GPIO 接口的基本使用方法；

② 学习 C 语言基本编程方法；

③ 掌握直流电机的基本工作原理和控制方法；

④ 能编写控制小车的基本动作控制函数；

⑤ 掌握 Linux 环境下嵌入式交叉编译环境的使用；

⑥ 掌握在 Windows 超级终端下查看测试返回值；

⑦ 掌握 Windows 下程序的烧写过程；

⑧ 掌握如何让可执行文件在嵌入式系统开机自动运行。

3.3　知识准备

3.3.1　关于直流电机

输出或输入为直流电能的旋转电机，称为直流电机，如图3-1 所示。它是能实现直流电能和机械能互相转换的电机，当它作为电动机运行时是直流电动机，将电能转换为机械能。

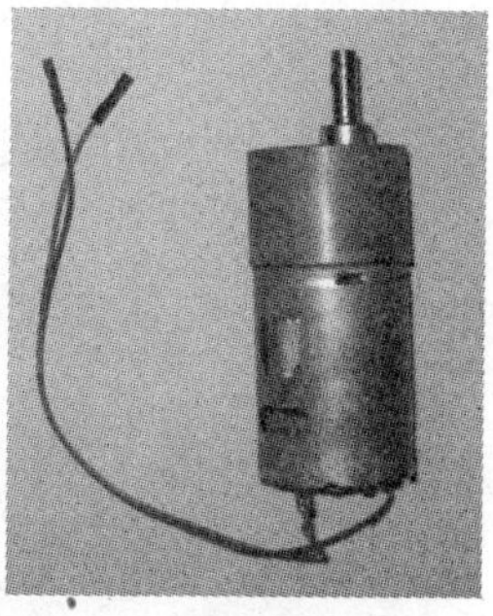

图 3-1　直流电机实物图

先设定 PWM（脉宽频率），如果两个轮子的 PWM 相同，那么两个轮子就拥有了相同的运转速度。然后打开轮子的使能，通过电平差使车轮运转起来，如果没有电平差车轮将停止运转。车轮运转情况见表 3-1。

表 3-1　车轮运转控制逻辑电平

EnableA（B）	INPUT 1	INPUT 2	电机工作情况
H	H	L	正转
H	L	H	反转
H	H	H	停止
H	L	L	停止
L	×	×	停止

3.3.2　宏定义

宏定义的一般形式如下。

```
#define 标识符 字符串
```

例如：

```
#define PWM_IOCTL_SET_FREQ  1
#define PWM_IOCTL_STOP  0
```

说明：

① 宏名一般习惯用大写字母表示，主要是为了与变量区分，但这并非规定，也可用小写字母。

② 使用宏名代替一个字符串，可以减少程序中重复书写某些字符串的工作量。

③ 宏定义不必在行末加分号，如果加了分号则会连同分号一起进行置换。

3.3.3　结构体类型的使用

声明一个结构体类型的一般形式如下。

```
Struct 结构体名
{成员表列}
变量名列表;
```

例如：

```
struct _freqs
{
    int freq1;
    int freq2;
};
struct _freqs myfreqs;
```

以上程序用于定义电机驱动结构体，freq1 为左电机驱动输出频率，freq2 为右电机驱动输出频率。

3.3.4　延时程序

使用延时程序的方法有两种，一种是硬件延时，另一种是软件延时，在这里介绍一下软件延时，它主要采用循环来完成。

例如：

```
void delay(int m)            //ms 级延时
{
    int i,j,k;
    for (i=0;i<m;i++)
for (j=0;j<34000;j++);
}
```

基本原理就是通过执行循环体来消耗时间从而达到延时的目的，但是软件延时会有误差，不像硬件延时那么精确。

3.3.5　ioctl 函数

ioctl 函数是文件结构中的一个属性分量。ioctl 是设备驱动程序中对设备的 I/O 通道进行管理的函数。所谓对 I/O 通道进行管理，就是对设备的一些特性进行控制，例如串口的传输波特率、电机的转速等。

```
int ioctl(int fd, ind cmd, …);
```

其中，fd 是用户程序打开设备时使用 open 函数返回的文件标识符，cmd 是用户程序对设备的控制命令，至于后面的省略号，是一些补充参数，一般最多一个，有或没有是和 cmd 的意义相关的。ioctl 函数是文件结构中的一个属性分量，如果驱动程序提供了对 ioctl 的支持，用户就可以在用户程序中使用 ioctl 函数控制设备的 I/O 通道。

3.4　任务实现

3.4.1　方案设计

该功能模块采用“S3C2440+执行机构”的总体设计方案，其中 MCU 采用目前性价比较高的 ARM9 系列，执行机构的动力装置采用直流电机，其优点是编程控制方便且无须额外增加驱动电路。电机驱动模块系统总体框图如图3-2 所示。

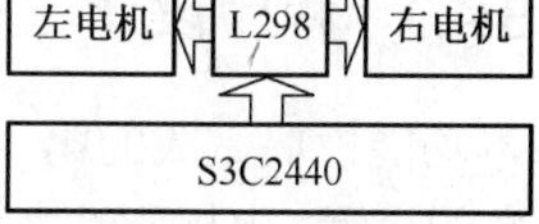

图 3-2　电机驱动模块系统总体框图

GPIO 引脚说明见表 3-2。

表 3-2 电机驱动模块 GPIO 引脚说明

电机驱动模块		
引　脚	开发板 CON4	功 能 说 明
GPG0	16 引脚	电机 1 控制信号
GPG1	17 引脚	电机 1 控制信号
GPB0	31 引脚	电机 1 使能及脉宽调速
GPG10	18 引脚	电机 2 控制信号
GPG11	19 引脚	电机 2 控制信号
GPB1	32 引脚	电机 2 使能及脉宽调速
VCC	1 引脚	5V 电压
GND	3 引脚	接地

3.4.2 硬件电路设计

为了更好地控制电机，采用 L298 专用芯片驱动直流电机。该芯片的主要特点是：工作电压高，最高工作电压可达 46V；输出电流大，瞬间峰值电流可达 3A，持续工作电流为 2A；内含两个 H 桥的高电压大电流全桥式驱动器，采用标准 TTL 逻辑电平信号控制；具有两个使能控制端，通过两个输入端（高、低电平）来控制电机的正转和反转，由于执行的直流电机为感性负载，在晶体管桥上各反向并联一个续流二极管（二极管起保护作用）。本功能模块的控制电路如图 3-3 所示，它是用 S3C2440 芯片的 GPB0、GPB1 引脚来控制电机的使能，用 GPG1、GPG10、GPE11、GPE13 引脚分别连接电机的左电机和右电机的正反转控制，用 TOUT0、TOUT1 引脚控制左右电机频率，用 VCC、GND 引脚连接电源和地。电机驱动模块电路原理图如图 3-3 所示。

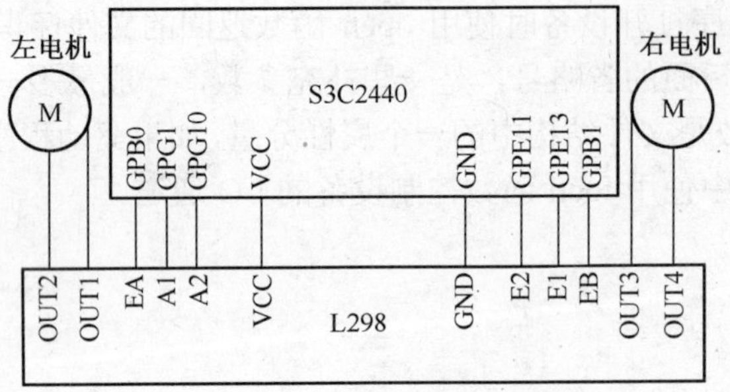

图 3-3 电机驱动模块电路原理图

3.4.3 程序设计

本功能模块完成的第一个任务是探月智能小车电机控制。首先对驱动模块初始化，包括电机频率的设置、电机驱动文件的打开和对输出设备接口的定义。根据电机运转控制逻辑电平表中相应逻辑值对电机运转进行控制，在 main（）程序中重复电平控制实现探月智能小车基本运动，并将运动行为显示到终端。本任务的关键在于利用延时函数将指定的引脚拉高或拉低电平，维持动作固定时间，来实现小车前进或后退功能，通过对延时函数的掌握，就可以控制电机不同的旋转速度，这就是常说的PWM脉宽调制。探月智能小车电机控制流程图如图3-4所示。

本功能模块完成的第二个任务是探月智能小车固定路线巡航。首先对驱动模块初始化，包括电机频率的设置、电机驱动文件的打开和对输出设备接口的定义，根据电机运转控制逻辑电平表中相应逻辑值对电机运转进行控制，将前进、后退、左转、右转写成标准函数，在main（）程序中重复前进、后退、左转、右转函数实现探月智能小车固定线路巡航运动。探月智能小车固定线路巡航流程图如图3-5所示。

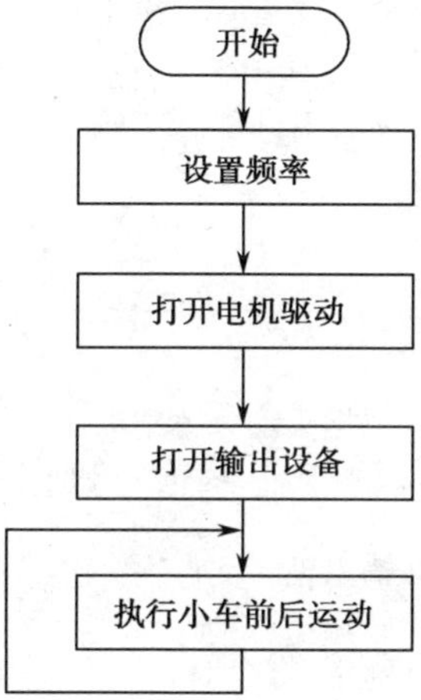

图3-4 探月智能小车电机控制流程图

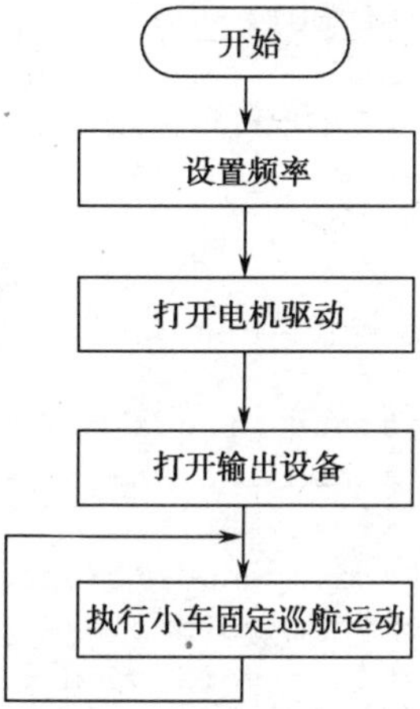

图3-5 探月智能小车固定路线巡航流程图

3.4.4 程序代码编辑、调试及运行

任务1 小车基本运动命令

```
/*=============================================================
名称：run1.c
功能：探月小车运动程序
=============================================================*/
#include <stdio.h>                              //标准输入/输出头文件
#include <termios.h>                            //终端输入/输出头文件
#include <unistd.h>                             //包含read()函数头文件
#include <stdlib.h>                             //标准库文件
#include <sys/time.h>                           //系统时间头文件
#include <fcntl.h>                              //包含open()函数头文件

#define PWM_IOCTL_SET_FREQ      1               //脉宽设定
```

```
#define PWM_IOCTL_STOP          0          //脉宽停止
#define LEFT -1                            //宏定义左右转弯值
#define RIGHT 1
#define NOTURN 0
#define BIGLEFT -2
#define BIGRIGHT 2

#define FL1 1                              //宏定义控制线
#define FL2 7
#define FR1 9
#define FR2 10
int OUTIO_fd;                              //定义输出设备文件描述符

//左右电机频率结构体,freq1 为左电机输出频率, freq2 为右电机输出频率
struct _freqs
{
  int freq1;
  int freq2;
};
struct _freqs myfreqs;                     //定义电机驱动频率结构体
static int PWM_fd = -1;                    //定义 PWM 驱动设备文件描述符

void openOUTIO(void);                      //打开输出设备文件
static void close_pwm(void);               //关闭脉宽函数
static void open_pwm(void);                //打开脉宽函数
static void set_pwm_freq(struct _freqs freqs); //设置电机输出频率函数
void forward();                            //前进函数
void back();                               //后退函数
void turn_left();                          //左转函数
void turn_right();                         //右转函数

void openOUTIO(void)
{
    OUTIO_fd = open("/dev/OUTIO", 0);  //打开 I/O 输出设备驱动文件
    if (OUTIO_fd < 0)
    {
        perror("open device OUTIO");   //打开失败返回报错信息
        exit(1);
    }
}
static void open_pwm (void)                //打开电机设备函数
{
    PWM_fd = open("/dev/newpwm", 0);   //打开 PWM 设备驱动文件
    if (PWM_fd < 0)
```

```
    {
        perror("open pwm device");
        exit(1);                            //打开错误，则终止进程。退出参数为 1
    }
    atexit(close_pwmr);                     //退出回调 close_buzzer
    return;
}

static void close_pwm(void)                 //关闭电机设备
{
    if (PWM_fd >= 0)
    {
        ioctl(PWM_fd, PWM_IOCTL_STOP);      //停止电机旋转
        close(PWM_fd);                      //关闭设备驱动文件
        PWM_fd = -1;
    }
}
//设置电机脉宽频率函数
static void set_pwm_freq(struct _freqs freqs)//freqs 为传递的参数
{
    int ret = ioctl(PWM_fd, PWM_IOCTL_SET_FREQ, &freqs); //成功 0 失败 1
    if(ret < 0)
    {
        perror("set the frequency of the pwm");//返回报错信息
        exit(1);
    }
}
void forward()                          //前进函数
{
    ioctl(OUTIO_fd,0,FL1);          //左电机控制线 1 为 0  对应驱动中数组元素 1
    ioctl(OUTIO_fd,1,FL2);          //左电机控制线 2 为 1  对应驱动中数组元素 7
    ioctl(OUTIO_fd,0,FR1);          //右电机控制线 1 为 0  对应驱动中数组元素 9
    ioctl(OUTIO_fd,1,FR2);          //右电机控制线 2 为 1  对应驱动中数组元素 10
}
void back()                             //后退函数
{
    ioctl(OUTIO_fd,1,FL1);          //左电机控制线 1 为 1
    ioctl(OUTIO_fd,0,FL2);          //左电机控制线 2 为 0
    ioctl(OUTIO_fd,1,FR1);          //右电机控制线 1 为 1
    ioctl(OUTIO_fd,0,FR2);          //右电机控制线 1 为 0
}
void turn_left()                        //左转函数
{

    ioctl(OUTIO_fd,1,FL1);          //左电机控制线 1 为 1
    ioctl(OUTIO_fd,0,FL2);          //左电机控制线 2 为 0
```

```
    ioctl(OUTIO_fd,0,FR1);        //右电机控制线 1 为 0
    ioctl(OUTIO_fd,1,FR2);        //右电机控制线 1 为 1
}
void turn_right()                 //右转函数
{
    ioctl(OUTIO_fd,0,FL1);        //左电机控制线 1 为 0
    ioctl(OUTIO_fd,1,FL2);        //左电机控制线 2 为 1
    ioctl(OUTIO_fd,1,FR1);        //右电机控制线 1 为 1
    ioctl(OUTIO_fd,0,FR2);        //右电机控制线 1 为 0
}
Main()
{
    Myfreqs.freq1 = 200;          //设置左电机频率
    Myfreqs.freq2 = 200;          //设置右电机频率
    open_buzzer();                //打开电机驱动
    openOUTIO();                  //打开前转后转控制
    while (1)
    {
      forward();                  //电机设置为前进
      set_pwm_freq(Myfreqs);      //设置频率，电机启动
      turn_left();
      set_pwm_freq(Myfreqs);      //设置频率，电机启动
      turn_right();
      set_pwm_freq(Myfreqs);      //设置频率，电机启动
    }
}
```

终端执行结果如图3-6所示。

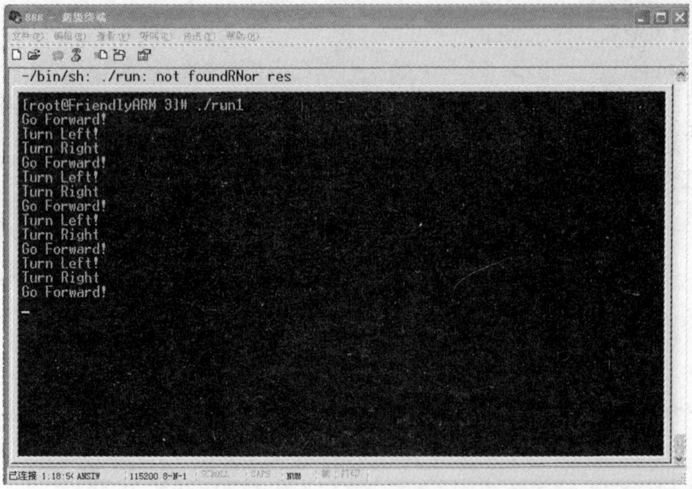
-/bin/sh: ./run: not foundRNor res
[root@FriendlyARM 3]# ./run1
Go Forward!
Turn Left!
Turn Right
Go Forward!
Turn Left!
Turn Right
Go Forward!
Turn Left!
Turn Right
Go Forward!
Turn Left!
Turn Right
Go Forward!

图 3-6　小车基本运动命令终端执行结果

任务2　小车基本巡航运动

```
/*=============================================================
名称: run2.c
功能: 探月小车按固定轨道运动程序
=============================================================*/
#include <stdio.h>                              //标准输入/输出头文件
#include <termios.h>                            //终端输入/输出头文件
#include <unistd.h>                             //包含 read()函数头文件
#include <stdlib.h>                             //标准库文件
#include <sys/time.h>                           //系统时间头文件
#include <fcntl.h>                              //包含 open()函数头文件

#define PWM_IOCTL_SET_FREQ       1              //脉宽设定
#define PWM_IOCTL_STOP           0              //脉宽停止
#define LEFT -1                                 //宏定义左右转弯值
#define RIGHT 1
#define NOTURN 0
#define BIGLEFT -2
#define BIGRIGHT 2

#define FL1 1                                   //宏定义控制线
#define FL2 7
#define FR1 9
#define FR2 10
int OUTIO_fd;                                   //定义输出设备文件描述符

//左右电机频率结构体,freq1 为左电机输出频率, freq2 为右电机输出频率
struct _freqs
{
  int freq_left;
  int freq_right;
  int width_left;
  int width_right;
};
static int PWM_fd = -1;                         //定义 PWM 驱动设备文件描述符

void openOUTIO(void);                           //打开输出设备文件
static void close_pwm(void);                    //关闭脉宽函数
static void open_pwm(void);                     //打开脉宽函数
static void set_pwm_freq(struct _freqs freqs); //设置电机输出频率函数
void forward();                                 //前进函数
void back();                                    //后退函数
void turn_left();                               //左转函数
```

```
void turn_right();                          //右转函数

void openOUTIO(void)
{
    OUTIO_fd = open("/dev/OUTIO", 0);   //打开 I/O 输出设备驱动文件
    if (OUTIO_fd < 0)
{
        perror("open device OUTIO");    //打开失败返回报错信息
        exit(1);
    }
}
static void open_pwm (void)                 //打开电机设备函数
{
    PWM_fd = open("/dev/newpwm", 0);    //打开 PWM 设备驱动文件
    if (PWM_fd < 0)
{
        perror("open pwm device");
        exit(1);                        //打开错误，则终止进程。退出参数为 1
    }
    atexit(close_pwmr);                 //退出回调 close_buzzer
    return;
}

static void close_pwm(void)                 //关闭电机设备
{
    if (PWM_fd >= 0)
{
        ioctl(PWM_fd, PWM_IOCTL_STOP); //停止电机旋转
        close(PWM_fd);                  //关闭设备驱动文件
        PWM_fd = -1;
    }
}
void forward()                              //前进函数
{
    ioctl(OUTIO_fd,0,FL1);      //左电机控制线 1 为 0，对应驱动中数组元素 1
    ioctl(OUTIO_fd,1,FL2);      //左电机控制线 2 为 1，对应驱动中数组元素 7
    ioctl(OUTIO_fd,0,FR1);      //右电机控制线 1 为 0，对应驱动中数组元素 9
    ioctl(OUTIO_fd,1,FR2);      //右电机控制线 2 为 1，对应驱动中数组元素 10
}
void back()                     //后退函数
{
    ioctl(OUTIO_fd,1,FL1);      //左电机控制线 1 为 1
    ioctl(OUTIO_fd,0,FL2);      //左电机控制线 2 为 0
    ioctl(OUTIO_fd,1,FR1);      //右电机控制线 1 为 1
```

```
    ioctl(OUTIO_fd,0,FR2);       //右电机控制线 1 为 0
}
void turn_left()                 //左转函数
{
    ioctl(OUTIO_fd,1,FL1);       //左电机控制线 1 为 1
    ioctl(OUTIO_fd,0,FL2);       //左电机控制线 2 为 0
    ioctl(OUTIO_fd,0,FR1);       //右电机控制线 1 为 0
    ioctl(OUTIO_fd,1,FR2);       //右电机控制线 1 为 1
}
void turn_right()                //右转函数
{
    ioctl(OUTIO_fd,0,FL1);       //左电机控制线 1 为 0
    ioctl(OUTIO_fd,1,FL2);       //左电机控制线 2 为 1
    ioctl(OUTIO_fd,1,FR1);       //右电机控制线 1 为 1
    ioctl(OUTIO_fd,0,FR2);       //右电机控制线 1 为 0
}
//设定脉宽频率函数
void set_pwm(int f_left, int w_left, int f_right, int w_right)
{
  struct _freqs myfreqs;
  myfreqs.freq_left = f_left;
  myfreqs.width_left = w_left;
  myfreqs.freq_right = f_right;
  myfreqs.width_right = w_right;
  int ret = ioctl(PWM_fd, PWM_IOCTL_SET_FREQ, &myfreqs);
  if(ret < 0) {
    perror("set the PWM");
    exit(1);
  }
}
//打开输出设备函数
void openOUTIO(void)
{
    OUTIO_fd = open("/dev/OUTIO", 0);
    if (OUTIO_fd < 0) {
        perror("open device OUTIO");
        exit(1);
    }
}
void system_init()
{
  open_pwm();                              //打开 PWM
  openOUTIO();                             //打开输出设备
  forward();
```

```
    stop();

  }
  //主函数
  int main(int argc, char **argv)
  {
    system_init();                          //初始化
  while(1)
    {
      forward();
      set_pwm(Freq,400,Freq,400);
      printf("Go Forward!\n");
      sleep(4);                             //等待
      turn_left();
      set_pwm(Freq,400,Freq,400);       //设定左右电机脉宽
      printf("Turn Left!\n");               //终端打印信息
      sleep(2);                             //等待
      turn_right();
      set_pwm(Freq,300,Freq,300);
      printf("Turn Right \n");
      sleep(2);
    }
  }
```

终端执行结果如图3-7所示。

图 3-7　小车基本巡航运动终端执行结果

3.4.5 用 arm_linux 交叉编译程序

首先进入测试程序源代码目录：

```
#cd /tftpboot/lesson_1/
```

然后，使用命令行进行手工交叉编译示例程序：

```
#arm-linux-gcc -o run1 run1.c
```

或者借助编译脚本进行编译：

```
#make
```

最后将生成 run1 可执行文件，使用 file 命令可以检查所生成的 run1 可执行文件是否为 ARM 体系和格式版本，是否能在开发板上正常运行。

```
[root@ lesson_1]#file run1
run1:ELF 32-bit LSB executable,ARM,version1(SYSV),dynamicallylinked(uses
shared libs) , for GUN/Linux2.6.14,not stripped
```

3.4.6 烧写可执行文件

将编译好的可执行文件下载到目标板主要有以下四种方式。

① 复制到介质（如 U 盘）；

② 通过网络传送文件到开发板（推荐使用）；

③ 通过串口传送文件到开发板；

④ 通过 NFS（网络文件系统）直接运行。

下面介绍通过 NFS 烧写的方法。

Linux 中最常用的方法就是采用 NFS 来执行各种程序，这样可以不必花费很多时间下载程序。

如前所述，先按照 1.4.11 和 1.4.12 节搭建好超级终端和 NFS，然后在命令行输入以下命令（假定服务器的 IP 地址为 192.168.1.123）：

```
#mount -o nolock 192.168.1.123:/home  /mnt
```

挂接成功，就可以进入/mnt 目录进行操作了，在 Linux 终端把 run1/run2 放到/home 目录下，然后在开发板的串口终端执行：

```
#cd /mnt
#./run1
```

在超级终端上运行 run1/run2。

3.4.7 设置开机自动运行程序

借助启动脚本可以设置各种程序开机后自动运行，也可以设置其他系统设置，这有点类似于 Windows 系统中的 Autobat 自动批处理文件，启动脚本位于开发板的/etc/init.d/rcS，在脚本末尾添加如下内容（实际内容也可能与此不完全一致）。

```
#! /bin/sh
PATH=/sbin:/bin:/usr/sbin:/usr/bin:/usr/local/bin:
runlevel=S
prevlevel=N
umask 022
export PATH runlevel prevlevel
#
# Trap CTRL-C &c only in this shell so we can interrupt subprocesses.
#
.......................
/bin/qtopia &
echo " " > /dev/tty1
echo "Starting Qtopia, please waiting..." > /dev/tty1
cd /dev
####加载 home 文件下驱动并运行 run 可执行文件，内容如下#####
insmod /home/newpwm.ko
insmod /home/OUTIO.ko
mknod OUTIO c 101 12
/etc/rc.d/init.d/run start
```

tty 设备包括虚拟控制台、串口及伪终端设备。利用> /dev/tty1 将输出重定向到 tty1（显示屏）。在当前的终端中输入：echo "hello" > /dev/tty，都会直接显示在当前的终端中。根据屏幕上的显示可以看到执行了哪些操作，最后才加载 qtopia。有些程序需要添加&来使其在后台执行，如加载 qtopia，可以尝试把开机启动的程序放到/etc/rc.d/init.d/中，程序在开机后自动运行，就像在超级终端中输入命令后的结果一样。例如，在脚本最后一行添加的/etc/rc.d/init.d/run start 就是开机直接运行/etc/rc.d/init.d/目录下的 run 可执行文件。

3.5 考核评价

任务 1 实现小车原地转圈

要求：实现直流电机的基本控制，能独立完成电机接口驱动的输入、输出控制，掌握文件系统和用户应用程序接口、打开文件（open）、写文件（write）等函数。能用专业语言正确流利地展示项目成果，思路清晰、有条理，能圆满回答老师与同学提出的问题；项目总结报告格式符合标准、内容完整，有详细过程记录和分析，并能提出一些新的建议。

任务 2 实现小车 8 字线路巡航

要求：对探月小车基本运动函数的使用，能独立编写、烧写程序，完成小车固定巡航功能，自主排查错误跟踪调试。能用专业语言正确流利地展示项目成果，思路清晰、有条理，能圆满回答老师与同学提出的问题；项目总结报告格式符合标准、内容完整，有详细过程记录和分析，并能提出一些新的建议。

3.6　拓展提高

任务　实现小车进三退二巡航

要求：能够控制直流电机的旋转方向和速度，根据硬件电路和通信协议，使用脉宽调制电机加速、减速运动，能用专业语言正确流利地展示项目成果，思路清晰、有条理，能圆满回答老师与同学提出的问题；项目总结报告格式符合标准，内容完整，有详细过程记录和分析，并能提出一些新的建议。

项目 4　循迹模块设计

4.1　项目描述

本项目的主要内容是：运用 S3C2440 的 GPIO 接口编程，检测 5 个灰度传感器返回值，根据 5 个传感器返回值控制小车直行、小左转、大左转、小右转、大右转等功能，实现小车循迹功能。

本模块通过测量灰度传感器返回值有效地控制电机旋转，使小车自主漫游完成循迹功能，是嵌入式小车实现多功能自主漫游控制的重要基础。

4.2　教学目标

通过学习与实践，掌握以下知识和技能。

① 掌握 S3C2440 的 GPIO 接口的扩展使用；
② 掌握 C 语言程序的“按位与”和“按位或”的使用方法；
③ 掌握 C 语言程序的“read”和“sizeof”函数的使用方法；
④ 掌握灰度传感器的基本工作原理和检测方法；
⑤ 编写小车的自主循迹函数；
⑥ 掌握 Linux 环境下嵌入式交叉编译环境的使用；
⑦ 掌握 Windows 下程序的烧写过程；
⑧ 掌握在 Windows 超级终端下查看测量值；
⑨ 掌握如何让循迹可执行文件在嵌入式系统开机时自动运行。

4.3　知识准备

4.3.1　关于灰度传感器

灰度传感器用来检测地面的灰度，其特性是检测出反应颜色（灰度）的具体值，趋势变化是，地面的颜色越浅，测得的数值越小，灰度传感器实物图如图4-1 所示。

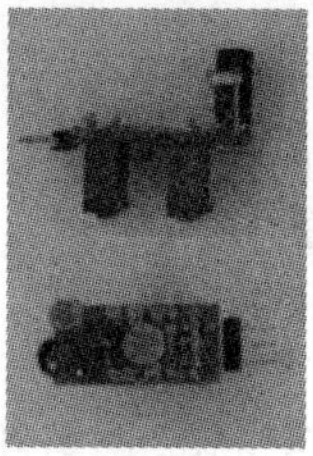

图 4-1　灰度传感器实物图

4.3.2　按位“与”运算符（&）

对两个表达式执行按位“与”。

```
result = expression1 & expression2
```

参数说明如下。

Result——任何变量；

expression1——任何表达式；

expression2——任何表达式。

&运算符用于查看两个表达式的二进制表示法的值，并执行按位“与”操作。该操作的结果如下。

0101　（expression1）
1100　（expression2）

0100　（result）

任何时候，只要两个表达式的某位都为 1，则该位结果为 1。否则，该位结果为 0。

4.3.3　按位“或”运算符（|）

对两个表达式执行按位“或”。

```
result = expression1 | expression2
```

参数说明如下。

Result——任何变量；

expression1——任何表达式；

expression2——任何表达式。

| 运算符用于查看两个表达式的二进制表示法的值，并执行按位“或”操作。该操作的结果如下。

0101　（expression1）
1100　（expression2）

1101 （结果）

任何时候，只要任一表达式的一位为 1，则该位结果为 1。否则，该位结果为 0。

4.3.4 关于 read 函数

read 函数（读取文件）可以读取文件。读取文件指从某一个已打开的文件中，读取一定数量的字符，然后将这些读取的字符放入某一个预存的缓冲区内，供以后使用。

使用格式如下。

```
number = read (handle, buffer ,n) ;
```

上述 read 调用函数中，各个参数的定义如下。

handle——是一个已经打开的文件句柄，表示从这个文件句柄所代表的文件读取数据。

buffer——指缓冲区，即读取的数据会被放到这个缓冲区中。

n——表示调用一次 read 操作，应该读多少数量的字符。

number——表示系统实际所读取的字符数量。

4.3.5 关于 sizeof 使用

sizeof 是判断数据类型长度符，用法如下。

```
sizeof（类型说明符，数组名或表达式）；
```

或

```
sizeof 变量名
```

sizeof 有三种语法形式。

```
① sizeof (object) ;     // sizeof（对象）；
② sizeof (type_name) ;  // sizeof（类型）；
③ sizeof object;        // sizeof 对象。
```

数组的 sizeof 值等于数组所占用的内存字节数，示例如下。

```
char a1[] = "abc";
int a2[3];
sizeof (a1) ;             // 结果为 4，字符末尾还存在一个 NULL 终止符；
sizeof (a2) ;             // 结果为 3*4=12（依赖于 int）。
```

4.4 任务实现

4.4.1 方案设计

该功能模块采用“S3C2440+执行机构”的总体设计方案，电机部分的控制同项目 3 设计，灰度传感器模块控制采用收发一体化的锁相环路解码器芯片 LM567 与三极管来驱动红外发射管发射固定频率的红外波，接收管接收到信号后经过 LM358 进行放大，最后送到 LM567 进行频率比对，频率相同则 LM567 输出口输出低电平，输出信号灯发光。

这样设计有很多优点：

① 输出频率可调，故抗干扰性强，可减少输出的误操作；

② 发光强度的调节和对接收信号的放大可以增加对红外光检测的距离；

③ 模板中设计多个调试测试点，利于对各现象的观察。

系统总体框图如图4-2所示。

GPIO 引脚说明见表 4-1。

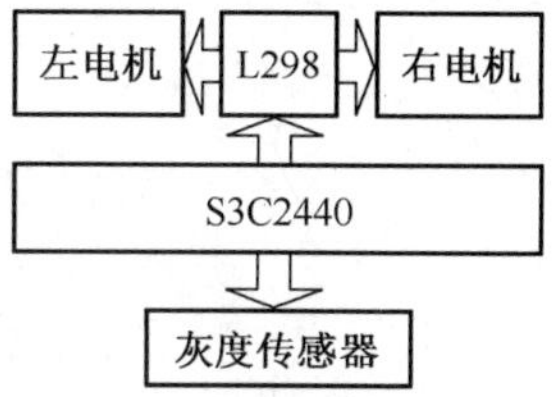

图 4-2　循迹模块系统框图

表 4-1　循迹模块 GPIO 引脚说明

循迹模块		
引　脚	开发板 CON4	功能说明
GPG0	16 引脚	电机 1 控制信号
GPG1	17 引脚	电机 1 控制信号
GPB0	31 引脚	电机 1 使能及脉宽调速
GPG10	18 引脚	电机 2 控制信号
GPG11	19 引脚	电机 2 控制信号
GPB1	32 引脚	电机 2 使能及脉宽调速
VCC	1 引脚	5V 电压
GND	3 引脚	接地
GPF0	9 引脚	灰度传感器 1
GPF1	10 引脚	灰度传感器 2
GPF2	11 引脚	灰度传感器 3
GPF3	12 引脚	灰度传感器 4
GPF4	13 引脚	灰度传感器 5

4.4.2　硬件电路设计

探月小车的循迹是由灰度传感器和电压比较电路组成，而灰度传感器是由光敏电阻和发光二极管组成，光敏电阻是利用半导体的光电效应制成的一种电阻值随入射光的强弱而改变的电阻器；在不同光照条件下的伏安特性曲线斜率不同，相应的光敏电阻阻值也不同。在给定电压下，光照度越大，电流也越大。在一定光照下，电压越大，电流也越大。把灰度传感器输出的信号引进 LM358 进行电压比较，产生标准 TTL 电平，稳定性能得到提升。当小车底部的某边遇到白色标志线时输入电平为高电平，反之为低电平。在调试过程中，通过小车的循迹过程，调节电位器的灵敏度，以满足探月小车在不同光度的环境中能够行走正确路线的要求。这样利用灰度传感器检测智能小车行驶道路上的白色标志线，就可以实现智能小车的自动循迹。

循迹模块用 GPF0、GPF1、GPF2、GPF3、GPF4 引脚来控制 5 个灰度传感器，循迹模块电路原理图如图4-3所示。

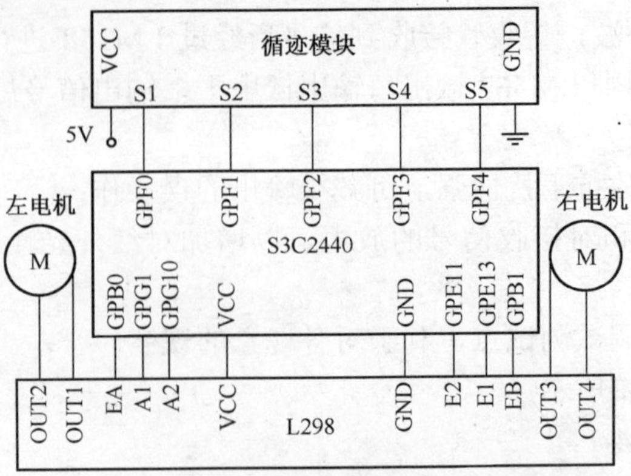

图 4-3　循迹模块电路原理图

4.4.3　程序设计

本功能模块完成的第一个任务是探月智能小车灰度传感器检测。首先对驱动模块初始化，对输入/输出设备接口定义，在 main（）程序中重复读入输入设备的具体检测值；然后判断 5 个灰度传感器的状态；最后将状态显示到终端，实现探月智能小车灰度检测任务。探月智能小车灰度传感器检测流程图如图4-4所示。

本功能模块完成的第二个任务是探月智能小车循迹。首先对驱动模块初始化，对输出设备接口定义，编写左转弯 turn_left（）、右转弯 turn_right（）、后退 backward（）、直行 forward（）、左转大弯 turn_big_left（）、右转大弯 turn_big_right（）等函数，在 main（）程序中重复读入输入设备的具体检测值，判断 5 个灰度传感器的状态，然后根据灰度传感器状态调用运动函数，实现探月智能小车循迹任务。探月智能小车循迹流程图如图4-5所示。

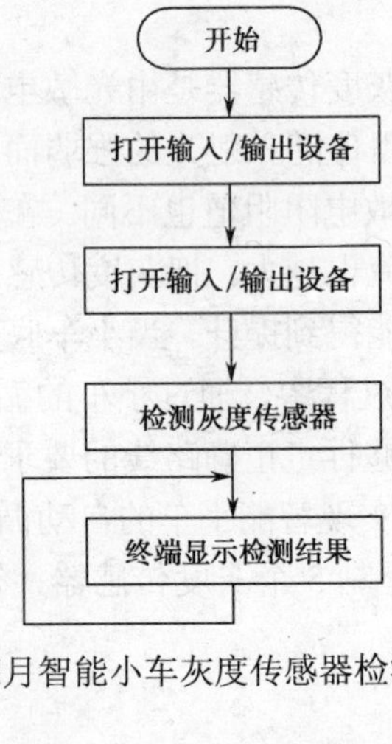

图 4-4　探月智能小车灰度传感器检测流程图

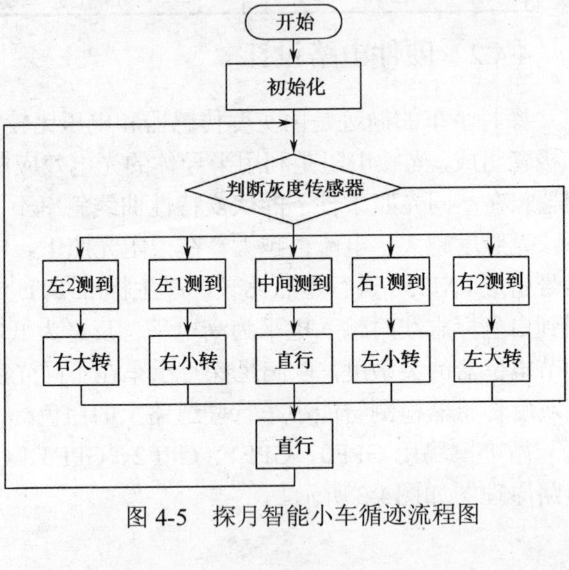

图 4-5　探月智能小车循迹流程图

4.4.4 程序代码编辑、调试及运行

任务1 灰度检测

```
/*==============================================================
名称: check1.c
功能: 探月小车灰度探测程序
==============================================================*/
#include <stdio.h>                        //标准输入/输出头文件
#include <termios.h>                      //终端输入/输出头文件
#include <unistd.h>                       //包含 read()函数头文件
#include <stdlib.h>                       //标准库文件
#include <sys/time.h>                     //系统时间头文件
#include <fcntl.h>                        //包含 open()函数头文件

#define PWM_IOCTL_SET_FREQ      1         //脉宽设定
#define PWM_IOCTL_STOP          0         //脉宽停止
#define BIGLEFT 0                         //宏定义左右转弯值
#define LEFT 1
#define NOTURN 2
#define RIGHT 3
#define BIGRIGHT 4
#define FL1 1                             //宏定义电机控制线
#define FL2 7
#define FR1 9
#define FR2 10
int OUTIO_fd;                             //定义输出设备文件描述符
int INIO_fd;                              //定义输入设备文件描述符
//左右电机频率结构体,freq1 为左电机输出频率, freq2 为右电机输出频率
struct _freqs
{
  int freq_left;
  int freq_right;
  int width_left;
  int width_right;
};
static int PWM_fd = -1;                   //定义 PWM 驱动设备文件描述符
void openINIO(void);                      //打开输入设备文件
void set_pwm(int f_left, int w_left, int f_right, int w_right);
//设置电机输出频率函数
void openOUTIO(void);                     //打开输出设备文件
```

```
static void close_pwm(void);                //关闭脉宽函数
static void open_pwm(void);                 //打开脉宽函数
void forward();                             //前进函数
void back();                                //后退函数
void turn_left();                           //左转函数
void turn_right();                          //右转函数

void openOUTIO(void)
{
    OUTIO_fd = open("/dev/OUTIO", 0);       //打开 I/O 输出设备驱动文件
    if (OUTIO_fd < 0)
    {
        perror("open device OUTIO");        //打开失败返回报错信息
        exit(1);
    }
}
static void open_pwm (void)                 //打开电机设备函数
{
    PWM_fd = open("/dev/newpwm", 0);        //打开 PWM 设备驱动文件
    if (PWM_fd < 0)
      {
        perror("open pwm device");
        exit(1);                            //打开错误，则终止进程。退出参数为 1
      }
    atexit(close_pwmr);                     //退出回调 close_buzzer
    return;
}

static void close_pwm(void)                 //关闭电机设备
{
    if (PWM_fd >= 0)
     {
        ioctl(PWM_fd, PWM_IOCTL_STOP); //停止电机旋转
        close(PWM_fd);                      //关闭设备驱动文件
        PWM_fd = -1;
     }
}
void forward()                        //前进函数
{
    ioctl(OUTIO_fd,0,FL1);        //左电机控制线 1 为 0，对应驱动中数组元素 1
```

```
    ioctl(OUTIO_fd,1,FL2);       //左电机控制线 2 为 1，对应驱动中数组元素 7
    ioctl(OUTIO_fd,0,FR1);       //右电机控制线 1 为 0，对应驱动中数组元素 9
    ioctl(OUTIO_fd,1,FR2);       //右电机控制线 2 为 1，对应驱动中数组元素 10
}
void back()                      //后退函数
{
    ioctl(OUTIO_fd,1,FL1);       //左电机控制线 1 为 1
    ioctl(OUTIO_fd,0,FL2);       //左电机控制线 2 为 0
    ioctl(OUTIO_fd,1,FR1);       //右电机控制线 1 为 1
    ioctl(OUTIO_fd,0,FR2);       //右电机控制线 1 为 0
}
void turn_left()                 //左转函数
{
    ioctl(OUTIO_fd,1,FL1);       //左电机控制线 1 为 1
    ioctl(OUTIO_fd,0,FL2);       //左电机控制线 2 为 0
    ioctl(OUTIO_fd,0,FR1);       //右电机控制线 1 为 0
    ioctl(OUTIO_fd,1,FR2);       //右电机控制线 1 为 1
}
void turn_right()                //右转函数
{
    ioctl(OUTIO_fd,0,FL1);       //左电机控制线 1 为 0
    ioctl(OUTIO_fd,1,FL2);       //左电机控制线 2 为 1
    ioctl(OUTIO_fd,1,FR1);       //右电机控制线 1 为 1
    ioctl(OUTIO_fd,0,FR2);       //右电机控制线 1 为 0
}
//设定脉宽频率函数
void set_pwm(int f_left, int w_left, int f_right, int w_right)
{
  struct _freqs myfreqs;
  myfreqs.freq_left = f_left;
  myfreqs.width_left = w_left;
  myfreqs.freq_right = f_right;
  myfreqs.width_right = w_right;
  int ret = ioctl(PWM_fd, PWM_IOCTL_SET_FREQ, &myfreqs);
  if(ret < 0)
   {
     perror("set the PWM");
     exit(1);
   }
}
```

```
//打开输出设备函数
void openOUTIO(void)
{
    OUTIO_fd = open("/dev/OUTIO", 0);
    if (OUTIO_fd < 0)
     {
        perror("open device OUTIO");
        exit(1);
     }
}
//打开输入设备函数
void openINIO(void)
{
    INIO_fd = open("/dev/INIO", 0);     //只读打开 INIO 设备文件
    if (INIO_fd < 0)
    {
        perror("open device INIO");
        exit(1);
    }
}
void getway(void)
{
  char current_INIO[6];
  while(1)
  { //读入设备信息保存在数组中
    read(INIO_fd, current_INIO, sizeof current_INIO - 1);
    current_INIO[5] = '\0';
    printf("Check Result Is : %s \n",current_INIO);
    sleep(1);
  }
}
//初始化函数
void system_init()
{
  open_pwm();   //open PWM
  openINIO();   //open INPUT
  openOUTIO();  //open OUTPUT
  forward();
  stop();
}
```

```
//主函数
int main(int argc, char **argv)
{
  system_init();
  while(1)
   {
     getway();
   }
}
```

终端执行结果如图4-6所示。

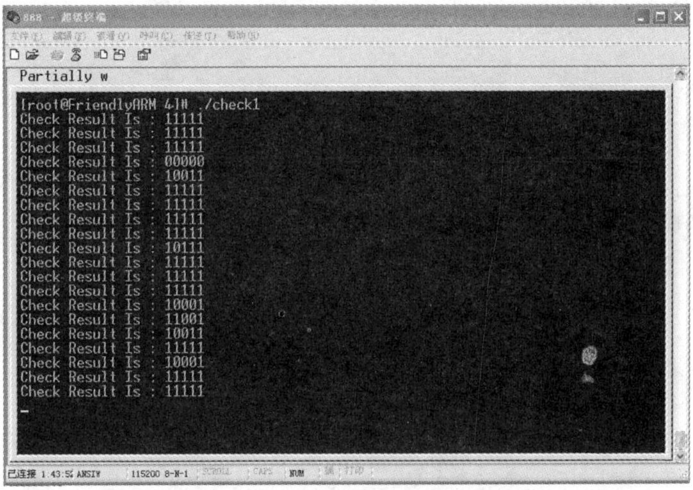

图4-6　灰度检测终端执行结果

任务2　探月小车循迹程序

```
/*==============================================================
名称：  check2.c
功能：  探月小车循迹程序
==============================================================*/
#include<stdio.h>                              //标准输入/输出头文件
#include<termios.h>                            //终端输入/输出头文件
#include<unistd.h>
#include<stdlib.h>
#include<sys/time.h>                           //系统时间头文件
#include<fcntl.h>
#include<string.h>
```

```
#define PWM_IOCTL_SET_FREQ  1              //设定脉宽频率
#define PWM_IOCTL_STOP  0                  //停止
//设定初始脉宽频率值
#define WHITE_LINE 1
#define Freq 100
#define FL1 1                              //左电机正反转控制线 1
#define FL2 7                              //左电机正反转控制线 2
#define FR1 9                              //右电机正反转控制线 1
#define FR2 10                             //右电机正反转控制线 2
//定义左右转弯值
#define BIGLEFT 0

#define LEFT 1
#define NOTURN 2
#define RIGHT 3
#define BIGRIGHT 4
int PWM_fd;
int OUTIO_fd;
int INIO_fd;
//频率设置结构体
struct _freqs
{
  int freq_left;
  int freq_right;
  int width_left;
  int width_right;
};
void openINIO(void);                       //打开输入设备文件
void openOUTIO(void);                      //打开输出设备文件
static void close_pwm(void);               //关闭电机驱动设备
static void open_pwm(void);                //打开电机驱动设备
static void set_pwm_freq(struct _freqs freqs); //设置电机输出频率
void set_pwm(int f_left, int w_left, int f_right, int w_right);
                                           //设置脉宽函数
unsigned char tohex(unsigned char *IN,int N);  //字符转化函数
void forward();                            //前进，左右转 设置
void back();                               //后退 设置
void turn_big_left();                      //大左转 设置
void turn_big_right();                     //大右转 设置
//打开输出设备函数
```

```
void openOUTIO(void)
{
    OUTIO_fd = open("/dev/OUTIO", 0);  // O_RDONLY 定义为 0
    if (OUTIO_fd < 0)
     {
        perror("open device OUTIO");    //打开失败返回报错信息
        exit(1);
     }
}
static void open_pwm (void)             //打开电机设备函数
{

    PWM_fd = open("/dev/newpwm", 0);    //打开 PWM 设备驱动文件
    if (PWM_fd < 0)
     {
        perror("open pwm device");
        exit(1);                        //打开错误，则终止进程。退出参数为 1
     }
    atexit(close_pwm);                  //退出回调 close_buzzer
    return;
}
static void close_pwm (void)            //关闭电机设备
{
    if (PWM_fd>=0)
     {
        ioctl(PWM_fd, PWM_IOCTL_STOP); //停止电机旋转
        close(PWM_fd);                 //关闭设备驱动文件
        PWM_fd = -1;
     }
}
//设置电机脉宽频率函数
static void set_pwm_freq(struct _freqs freqs)      //freqs 为传递的参数
{
    int ret = ioctl(PWM_fd, PWM_IOCTL_SET_FREQ, &freqs); //成功 0，失败 1
    if(ret<0)
     {
        perror("set the frequency of the buzzer"); //返回报错信息
        exit(1);
     }
}
```

```
//前进函数
void forward()
{
    ioctl(OUTIO_fd,0,FL1);          //左电机正反转控制线 1 为 0，对应引脚 1
    ioctl(OUTIO_fd,1,FL2);          //左电机正反转控制线 2 为 1，对应引脚 7
    ioctl(OUTIO_fd,0,FR1);          //右电机正反转控制线 1 为 0，对应引脚 9
    ioctl(OUTIO_fd,1,FR2);          //右电机正反转控制线 2 为 1，对应引脚 10
}
//后退函数
void back()
{
    ioctl(OUTIO_fd,1,FL1);          //左电机正反转控制线 1 为 1
    ioctl(OUTIO_fd,0,FL2);          //左电机正反转控制线 2 为 0
    ioctl(OUTIO_fd,1,FR1);          //右电机正反转控制线 1 为 1
    ioctl(OUTIO_fd,0,FR2);          //右电机正反转控制线 1 为 0
}
void turn_big_left()
{
    ioctl(OUTIO_fd,1,FL1);          //左电机正反转控制线 1 为 1
    ioctl(OUTIO_fd,0,FL2);          //左电机正反转控制线 2 为 0
    ioctl(OUTIO_fd,0,FR1);          //右电机正反转控制线 1 为 0
    ioctl(OUTIO_fd,1,FR2);          //右电机正反转控制线 1 为 1
}
void turn_big_right()
{
    ioctl(OUTIO_fd,0,FL1);          //左电机正反转控制线 1 为 0
    ioctl(OUTIO_fd,1,FL2);          //左电机正反转控制线 2 为 1
    ioctl(OUTIO_fd,1,FR1);          //右电机正反转控制线 1 为 1
    ioctl(OUTIO_fd,0,FR2);          //右电机正反转控制线 1 为 0
}
void stop()
{
    ioctl(OUTIO_fd,0,FL1);          //左电机正反转控制线 1 为 0
    ioctl(OUTIO_fd,0,FL2);          //左电机正反转控制线 2 为 0
    ioctl(OUTIO_fd,0,FR1);          //右电机正反转控制线 1 为 0
    ioctl(OUTIO_fd,0,FR2);          //右电机正反转控制线 1 为 0
}
//停止脉宽设定函数
static void stop_pwm(void)
{
```

```
    forward();
    int ret = ioctl(PWM_fd, PWM_IOCTL_STOP);
    if(ret<0)
     {
        perror("stop the pwm");
        exit(1);
     }
}
//设定脉宽频率函数
void set_pwm(int f_left, int w_left, int f_right, int w_right)
{
  struct _freqs myfreqs;
  myfreqs.freq_left = f_left;
  myfreqs.width_left = w_left;
  myfreqs.freq_right = f_right;
  myfreqs.width_right = w_right;
  int ret = ioctl(PWM_fd, PWM_IOCTL_SET_FREQ, &myfreqs);
  if(ret<0)
   {
     perror("set the PWM");
     exit(1);
   }
}
//打开输出设备函数
void openOUTIO(void)
{
    OUTIO_fd = open("/dev/OUTIO", 0);
    if (OUTIO_fd<0)
     {
        perror("open device OUTIO");
        exit(1);
     }
}
//打开输入设备函数
void openINIO(void)
{
    INIO_fd = open("/dev/INIO", 0);
    if (INIO_fd < 0)
     {
        perror("open device INIO");
```

```
        exit(1);
    }
}
void getway(void)
{
  char current_INIO[6]; //定义数组大小为六，前五项装载 5 个灰度传感器的信息
  while(1)
   { //读入设备信息保存在数组中
      read(INIO_fd, current_INIO, sizeof current_INIO - 1);
      current_INIO[5] = '\0';                     //数组第 6 位内容为结束
      printf("Check Result Is : %s \n",current_INIO);  //输出数组内容
      sleep(1);                                   //休眠 1ms
   }
}
//初始化函数
void system_init()
{
  open_pwm();                                     //open PWM，打开脉宽设备
  openINIO();                                     //open INPUT，打开输入设备
  openOUTIO();                                    //open OUTPUT，打开输出设备
  forward();
  stop();
}
// m=1>1ms 微秒延时函数
void delay(int m)
{
  int i,j,k;
  for (i=0;i<m;i++)
     for (j=0;j<34000;j++);
}
//毫秒延时函数
void delayus(int m)
{
  int i,j;
  for (i=0;i<m;i++)
    for (j=0;j<34;j++);
}
//打开脉宽设备函数
static void open_pwm(void)
{
```

```
    PWM_fd = open("/dev/newpwm", 0);
    if (PWM_fd < 0)
     {
        perror("open pwm_pwm device");
        exit(1);
     }
    atexit(close_pwm);
    return;
}
//关闭脉宽设备函数
static void close_pwm(void)
{
    forward();
    if (PWM_fd>= 0)
     {
        ioctl(PWM_fd, PWM_IOCTL_STOP);      //io控制函数设置为停止
        close(PWM_fd);                      //关闭脉宽设备
        PWM_fd = -1;
     }
}
//停止脉宽设备
static void stop_pwm(void)
{
    forward();
    int ret = ioctl(PWM_fd, PWM_IOCTL_STOP);
    if(ret<0)
     {
        perror("stop the pwm");
        exit(1);
     }
}
//脉宽设置函数
void set_pwm(int f_left, int w_left, int f_right, int w_right)
{
  struct _freqs myfreqs;
  myfreqs.freq_left = f_left;                //左标志
  myfreqs.width_left = w_left;               //频率值
  myfreqs.freq_right = f_right;              //右标志
  myfreqs.width_right = w_right;             //频率值
  int ret = ioctl(PWM_fd, PWM_IOCTL_SET_FREQ, &myfreqs);
```

```
  if(ret < 0)
   {
    perror("set the PWM");
    exit(1);
   }
}
//检测转弯值函数
int check_which_turn(unsigned char Flag)
{
   char RTurn,LTurn,Turn;
   int i;
   static int tmp=0;
   RTurn = NOTURN;

   LTurn = NOTURN;
   Turn =  NOTURN;
   for ( i=2; i>=0; i--)
    {
     if ( (Flag>>i) & 0x01)                         //右移 2 位判断左传感器值
       LTurn = i;
    }
   for ( i=2; i<=4; i++)
    {
     if ( (Flag>>i) & 0x01 )                        //右移判断右传感器值
       RTurn = i;
    }
   if (  (RTurn -4 + LTurn) >= 0 )                  //
     Turn = RTurn;
  else
     Turn = LTurn;
  if ( Flag == 0x00)                                //
  {
    Turn =  last_turn;
    LSpeed = 100;                                   //左轮脉宽频率为 100
    RSpeed = 100;                                   //右轮脉宽频率为 100
  }
  else
  {
    LSpeed = 600;                                   //左轮脉宽频率为 600
    RSpeed = 600;                                   //右轮脉宽频率为 600
```

```
  }
 return Turn;                                       //返回 turn 值
}
int Get_M_Line(int Times, unsigned char Turn)
{
  char current_INIO[9];
  unsigned char Flag;
  int now_turn;
  while (Times--)
  {
    //读 INIO_fd 文件中 9 个字符存入 current_INIO 中
    read(INIO_fd, current_INIO, sizeof current_INIO);
    Flag = tohex(current_INIO,5);                   //转换 5 个字符为十六进制数
    now_turn = check_which_turn( Flag);             //判断 5 个灰度传感器值
    if ( (last_turn>=RIGHT) && (now_turn<RIGHT) ) return 1;//
    if ( (last_turn<=LEFT) && (now_turn>LEFT) ) return 1;
    if ( now_turn == NOTURN)
     {
      usleep(20000);                                //20ms
      return 1;
     }
    if ( Turn >=2 )
     if ( now_turn > Turn )
       return 1;
    if ( Turn <=2 )
     if ( now_turn< Turn )
       return 1;
    usleep(1000); //1ms
  }
  return 0;
}
void turn(int turn_flag)
{
  long int cn=0;
  if (turn_flag == BIGLEFT)                         //等于 0
   {
     printf("Turn BIGLEFT\n");
     turn_big_left();                               //调用左大转弯
     set_pwm(Freq, 300, Freq, 990);                 //设置脉宽频率
     Get_M_Line(5000,turn_flag);
```

```
  }
  else
  if (turn_flag == BIGRIGHT)                        //等于 4
  {
     printf("Turn BIGRIGHT\n");
     turn_big_right();                              //调用右大转弯
     set_pwm(Freq, 990, Freq,300);                  //设置脉宽频率
     Get_M_Line(5000,turn_flag);
  }
  else
  if (turn_flag == LEFT)                            //等于 1
  {
     printf("Turn LEFT\n");
     turn_left();                                   //调用左转弯
     set_pwm(Freq, 400, Freq, 990);                 //设置脉宽频率
     Get_M_Line(5000,turn_flag);
  }
  else
  if (turn_flag == RIGHT)                           //等于 3
  {
     printf("Turn RIGHT\n");
     turn_right();                                  //调用右转弯
     set_pwm(Freq, 990, Freq, 400);                 //设置脉宽频率
     Get_M_Line(5000,turn_flag);
  }
  else
  if (turn_flag == NOTURN)                          //等于 2
  {
      printf("NOTURN \n");
      forward();                                    //直行
      set_pwm( Freq, LSpeed, Freq, RSpeed);         //设置脉宽频率
      delay(10);
      len_way++;
  }
   last_turn = turn_flag;                           //last_turn 赋值
}
//check Line Color, if white then ^ 检查底线颜色
int check_flag(int flag)
{
   if (  WHITE_LINE  )
```

```
    return( ( ~flag ) & 0x1FF );
    else
    return flag;
 }
 //字符转换
 unsigned char tohex(unsigned char *IN,int N)
 {
   int i;
   int result;
   result = 0;
   for (i = 0 ; i < N; i++)                       //循环5次
    {
       if ( IN[i] == '1')                         //判断i位
       {
         result |= (1<<i);                        //左移i位或上原值
       }
    }
   result = check_flag(result);                   //调用底线对比函数
   return result;
 }

 void getway(void)
 {
   char current_INIO[6];                          //定义存储状态数组
   int now_turn = 0;
   unsigned char Flag;
   while(1)
   {
      read(INIO_fd, current_INIO, sizeof current_INIO - 1);  //读入设备状态
                                                               并保存
      current_INIO[5] = '\0';
      printf("Check Result Is : %s \n",current_INIO);       //打印状态结果
      Flag = tohex(current_INIO,5);              //字符转换
      now_turn = check_which_turn(Flag);         //得到当前灰度传感器状态
      turn( now_turn);                           //执行转弯
   }
 }
 //系统初始化函数
 void system_init()
 {
```

```
    open_pwm();                                    //open PWM
    openINIO();                                    //open INPUT
    openOUTIO();                                   //open OUTPUT
    forward();
    stop();
  }
  //主函数
  int main(int argc, char **argv)
  {
      system_init();
      while(1)
      {
        getway();
      }
  }
```

终端执行结果如图4-7所示。

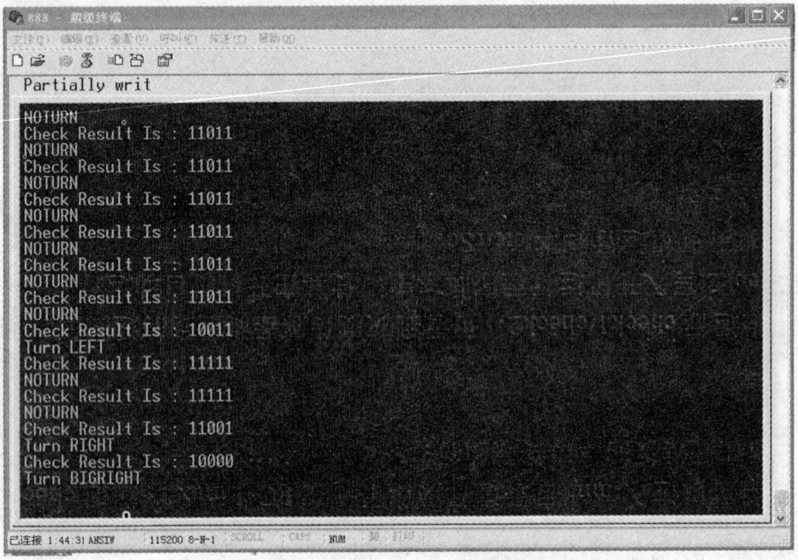

图 4-7　探月小车循迹程序终端执行结果

4.4.5　用 arm_linux 交叉编译程序

首先进入测试程序源代码目录：

```
#cd /tftpboot/lesson_1/
```

然后，使用命令行进行手工交叉编译示例程序：

```
#arm-linux-gcc -o check1 check1.c
```

或者借助编译脚本进行编译：

```
#make
```

最后将生成 check1/check2 可执行文件，使用 file 命令可以检查生成的 check1 可执行文件是否为 ARM 体系和格式版本，是否为能在开发板上正常运行的可执行文件。

```
[root@ lesson_1]#file check1
check1:ELF 32-bit LSB executable,ARM,version1 (SYSV) ,dynamicallylinked
(uses shared libs) ,for GUN/Linux2.6.14,not stripped
```

4.4.6　烧写可执行文件

将编译好的可执行文件下载到目标板，采用 NFS 烧写的方法。

如前所述，先搭建好超级终端和 NFS 服务器，然后在命令行输入以下命令（假定服务器的 IP 地址为 192.168.1.123）：

```
#mount -o nolock 192.168.1.123:/home  /mnt
```

挂接成功，就可以进入/mnt 目录进行操作了，在 PC Linux 终端把 check1/check2 放到/home 目录，然后在开发板的串口终端执行：

```
#cd /mnt
#./check1
```

在超级终端上运行 check1/check2，可看到灰度传感器测量到的返回值。

将 check1/check2 写入开机运行程序脚本中，使其在开机时自动运行。

用 vi 编辑器打开开机运行脚本/etc/rSc。

```
#vi /etc/rSc
```

在脚本末尾写入：

```
/mnt/check2
```

4.5　考核评价

任务 1　实现小车白线循迹

要求：掌握灰度传感器的基本控制，掌握探月小车循迹运动函数编写，检测 5 个灰度传感器的返回值，能独立完成灰度检测功能，掌握灰度开关原理、灰度电路原理。能够掌握“按位与”和“按位或”的使用方法。期间还能够自主排查错误跟踪调试。能用专业语言正确流利地展示项目成果，思路清晰、有条理，能圆满回答老师与同学提出的问题；项目总结报告格式符合标准、内容完整，有详细过程记录和分析，并能提出一些新的建议。

任务 2　实现小车黑线循迹

要求：掌握灰度传感器的基本控制，掌握探月小车循迹运动函数编写，检测 5 个灰度传感器的返回值，能独立完成灰度检测功能，掌握灰度开关原理、灰度电路原理。能够掌握 read 和 sizeof 函数的使用方法。能独立编写、编译灰度开关程序完成探月小车循迹功能，期间还能够自主排查错误跟踪调试。能用专业语言正确流利地展示项目成果，思路清晰、有条理，能圆满回答老师与同学提出的问题；项目总结报告格式符合标准、内容完整，有详细过程记录和分析，并能提出一些新的建议。

4.6 拓展提高

任务　在中间灰度值低、四周灰度值高的平台上自主漫游

要求：小车在正方形平台上自主漫游，根据灰度值检测保持小车不从平台上坠落，能用专业语言正确流利地展示项目成果，思路清晰、有条理，能圆满回答老师与同学提出的问题；项目总结报告格式符合标准、内容完整，有详细过程记录和分析，并能提出一些新的建议。

项目 5　红外模块设计

5.1　项目描述

本项目的主要内容是：运用 S3C2440 的 GPIO 接口编程，检测两个红外传感器返回值，根据两个传感器返回值控制小车直行、小左转、大左转、小右转、大右转等功能，实现小车躲避障碍的功能。

本模块通过探测红外传感器返回值来确定前方是否有障碍物，如果有障碍物则根据是左、右哪个红外传感器探测到的物体来判断小车是左拐、右拐还是后退。使小车能自主巡航而不会撞到物体。本模块是嵌入式小车实现多功能自主漫游控制的一个重要基础。

5.2　教学目标

通过学习与实践，掌握以下知识和技能。

① 掌握 S3C2440 的 GPIO 接口的扩展使用方法；

② 掌握 C 语言程序中指针的使用方法；

③ 掌握 C 语言程序中“break”和“return”的使用方法；

④ 掌握红外传感器的基本工作原理和检测方法；

⑤ 编写小车避障函数；

⑥ 掌握 Linux 环境下嵌入式交叉编译环境的使用；

⑦ 掌握 Windows 下程序的烧写过程；

⑧ 掌握在 Windows 超级终端下查看测量值；

⑨ 掌握如何让红外可执行文件在嵌入式系统开机时自动运行。

5.3　知识准备

5.3.1　关于红外传感器

红外传感器分为被动红外传感器和主动红外传感器。被动红外传感器只有红外接收器，当被防范范围内有目标入侵并移动时，将引起该区域内红外辐射变化，而红外探测器能测出

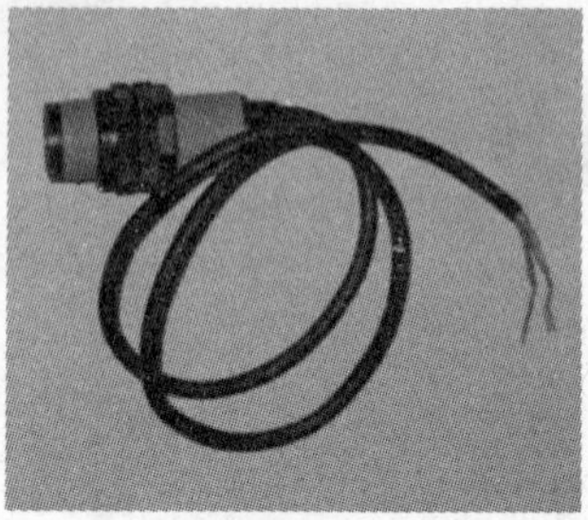

图 5-1　红外传感器实物图

这种红外变化并发出报警信号。主动红外传感器由红外发射器和接收器两个部件构成，一端发射红外线，另一端接收红外线。通过红外线将对射两端形成一个回路。红外传感器实物如图5-1所示。

5.3.2　指针

指针是一个特殊的变量,它里面存储的数值被解释为内存里的一个地址。

定义指针的一般形式如下。

基本类型 *指针变量名;

```
float *pointer1; (pointer1 是指向 float 型变量的指针变量)
int *pointer2 ; (pointer2 是指向 int 型变量的指针变量)
char *pointer3; ; (pointer3 是指向字符型变量的指针变量)
```

5.3.3　break 的使用

break 语句的使用原则如下。

① 只能在循环体内和 switch 语句体内使用 break 语句;

② 当 break 出现在循环体中的 switch 语句体内时，其作用只是跳出该 switch 语句体;

③ 当 break 出现在循环体中，但并不在 switch 语句体内时，则在执行 break 后，跳出本层循环体;

④ 在循环结构中，应用 break 语句使流程跳出本层循环体，从而提前结束本层循环。

例如，终止 break 所在的最内层循环。

```
for(int i=0; ;i++)
{
    do_something;
    if( i==5 ) break;
}
```

例如，跳出 switch 中的 case。

```
switch( operand )
{
case value1:
    do_something1;
    break;
    case value2:
```

```
        do_something2;
        break;
    }
```

5.3.4　return 语句的使用

return 语句的使用原则如下。

① return 从当前的方法中退出，返回到调用该方法的语句处，继续执行；

② return 返回一个值给调用该方法的语句，返回值的数据类型必须与方法的声明中的返回值的类型一致，可以使用强制类型转换来使数据类型一致；

③ 当方法说明中用 void 声明返回类型为空时，应使用这种格式，不返回任何值。

```
int max(int x,int y)
{
    if(a>b)
    return a;
    else
    return b;
}
    main()
{
    int result,a,b;
    scanf("%d %d",&a &b);
    result=max(a,b);
}
```

5.3.5　continue 语句的使用

continue 语句的使用原则如下。

① 其作用是结束本次循环，即跳过本次循环体中余下尚未执行的语句，接着再一次进行循环的条件判定。

② 执行 continue 语句并没有使整个循环终止。在 while 和 do-while 循环中，continue 语句使得流程直接跳到循环控制条件的测试部分，然后决定循环是否继续进行。

③ 在 for 循环中，遇到 continue 后，跳过循环体中余下的语句，而去对 for 语句中的“表达式 3”求值，然后进行“表达式 2”的条件测试。

例如，终止本次循环。

```
for( int i=0; i<10; i++ )
{
```

```
    if( i<5 )continue;
    else do_something;
}
```

5.4 任务实现

5.4.1 方案设计

该功能模块采用“S3C2440+执行机构”的总体设计方案，电机部分的控制同项目 3 设计，小车探测物体采用的是光电开关传感器 E3F-DS30C4，它是数字传感器，NPN 常开型光电开关，即数字电路中的低电平和高电平，正常状态输出高电平。检测到目标时输出低电平，它利用被测物对光束的遮挡或反射，有同步回路选通电路，接收器根据接收到光线的强弱或者有无对目标物体进行探测，在小车的前面安装两个光电开关传感器，可以探测到路边的标志物，同时调整电机的转速，使小车完成躲避障碍物。

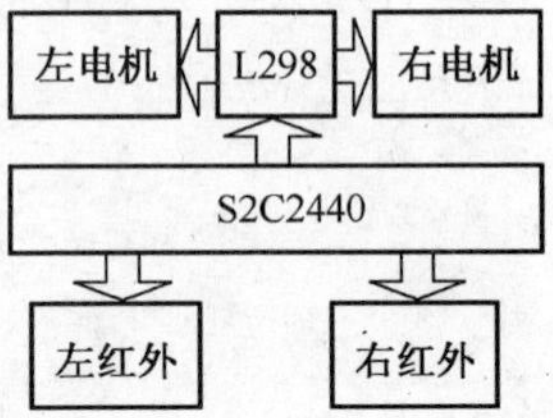

图 5-2　红外导航模块构成框图

红外导航模块构成框图如图5-2 所示。

GPIO 引脚表说明见表 5-1。

表 5-1　红外导航模块 GPIO 引表说明

红外导航模块		
引　脚	开发板 CON4	功 能 说 明
GPG0	16 引脚	电机 1 控制信号
GPG1	17 引脚	电机 1 控制信号
GPB0	31 引脚	电机 1 使能及脉宽调速
GPG10	18 引脚	电机 2 控制信号
GPG11	19 引脚	电机 2 控制信号
GPB1	32 引脚	电机 2 使能及脉宽调速
VCC	1 引脚	5V 电压
GND	3 引脚	接地
GPF5	9 引脚	左红外
GPF6	10 引脚	右红外

5.4.2 硬件电路设计

这是一种集发射与接收于一体的光电传感器。检测距离可以根据要求进行调节。该传感器具有探测距离远、受可见光干扰小、价格便宜、易于装配、使用方便等特点，可以广泛应用于机器人避障、流水线计件等众多场合。为使小车能够做出正确的判断，首先要调节红外光电传感器的探测距离，这样可以避免小车探测到过远的物体而做出错误的判断。设置红外探测距离为 20cm，先在 20cm 处放一物体，看传感器背部指示灯是否点亮，若没有点亮，则顺时针旋转背部的旋钮，直到指示灯点亮为止，反之逆时针旋转至熄灭状态即可。

光电开关有三条线，分别为电源、地、输出。将两个红外的输出分别连接到 S3C2440 的 GPF5 和 GPF6 引脚。小车运行过程中只需扫描 GPF5 和 GPF6 两引脚的状态即可判断有无障碍物。当检测到目标为低电平时为探测到有障碍物，反之为没有障碍物。

红外导航模块电路图如图5-3所示。

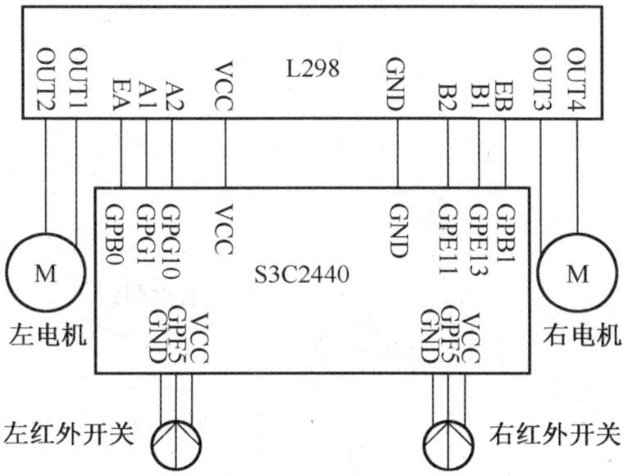

图 5-3　红外导航模块电路图

5.4.3　程序设计

本功能模块完成的第一个任务是探月智能小车红外检测。首先对驱动模块初始化，对输入/输出设备接口定义，在 main（）程序中重复读入输入设备的具体检测值；然后判断两个红外传感器的状态，检测到状态有四种，分别是左红外检测到物体、右红外检测到物体、左右同时检测到物体、左右都没有检测到；最后将状态显示到终端，如左边传感器检测到物体，终端显示 Left，右边传感器检测到物体，终端显示 Right。最终实现探月智能小车红外检测任务。探月智能小车红外检测流程图如图5-4所示。

本功能模块完成的第二个任务是探月智能小车红外避障。首先对驱动模块初始化，对输入/输出设备接口定义，在 main（）程序中重复读入输入设备的具体检测值；然后判断两个红外传感器的状态，检测到状态有四种，分别是左红外检测到物体、右红外检测到物体、左右同时检测到物体、左右都没有检测到，根据读入的状态调用直行、后退、左转、右转函数，如左边传感器检测到物体，探月智能小车调用右转函数，右边传感器检测到物体，探月智能小车调用左转函数，最终实现探月智能小车红外避障任务。探月智能小车红外避障流程图如图5-5所示。

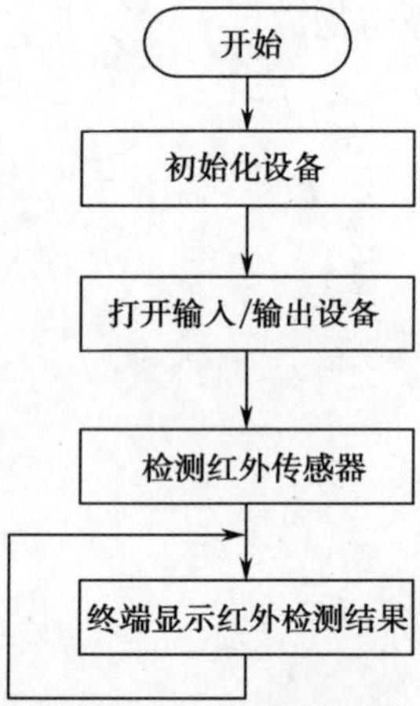

图 5-4　探月智能小车红外检测流程图

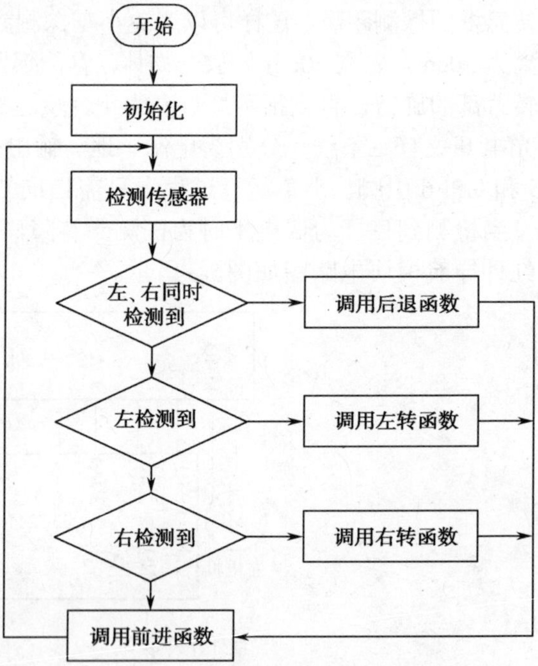

图 5-5　探月智能小车红外避障流程图

5.4.4　程序代码编辑、调试及运行

任务 1　红外检测

```
/*=============================================================
程序名： ir1.c
功　能：红外探测物体
=============================================================*/
#include <stdio.h>                    //标准输入/输出头文件
#include <termios.h>                  //终端输入/输出头文件
#include <unistd.h>                   //包含 read()函数头文件
#include <stdlib.h>                   //标准库文件
#include <sys/time.h>                 //系统时间头文件
#include <fcntl.h>                    //包含 open()函数头文件
#include <string.h>
int OUTIO_fd;
int INIO_fd;
//打开输出设备函数
void openOUTIO(void)
```

```
{
    OUTIO_fd = open("/dev/OUTIO", 0);
    if (OUTIO_fd < 0)
    {
        perror("open device OUTIO");
        exit(1);
    }
}
//打开输入设备函数
void openINIO(void)
{
    INIO_fd = open("/dev/INIO", 0);
    if (INIO_fd < 0)
    {
        perror("open device INIO");
        exit(1);
    }
}
//设备初始化函数
void system_init()
{
  openINIO();                    //open INPUT
  openOUTIO();                   //open OUTPUT
}
//主函数
int main(int argc, char **argv)
{
  char current_INIO[9];
  system_init();
  while(1)
   { //读输入设备文件值并保存
    read(INIO_fd, current_INIO, sizeof current_INIO );
    if(current_INIO[5]=='0')              //判断数组第6位值是否为0
        {
            printf("LEFT Is ON!\n");    //打印红外探测结果
        }
    sleep(1);
    if(current_INIO[6]=='0')              //判断数组第7位值是否为0
        {
            printf("RIGHT Is ON!\n");   //打印红外探测结果
```

```
            }
        sleep(1);
      }
  }
```

终端执行结果如图5-6所示。

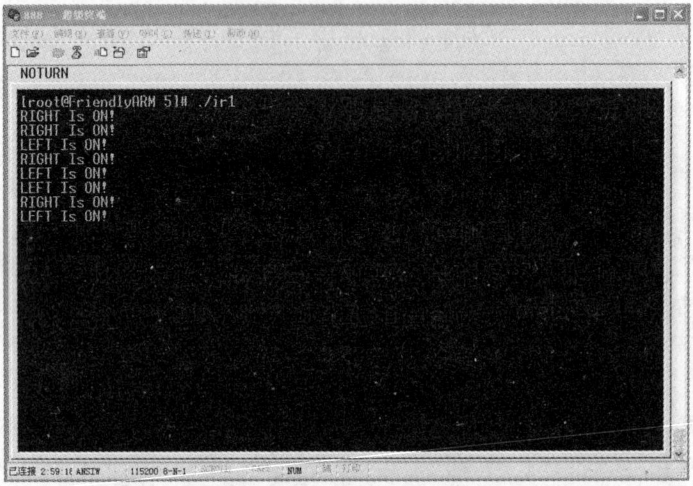
NOTURN
[root@FriendlyARM 5]# ./ir1
RIGHT Is ON!
RIGHT Is ON!
LEFT Is ON!
RIGHT Is ON!
LEFT Is ON!
LEFT Is ON!
RIGHT Is ON!
LEFT Is ON!

图 5-6　红外检测终端执行结果

任务 2　红外避障

```
=============================================================*/
程序名：ir2.c
功　能：红外避障
=============================================================*/
#include <stdio.h>                          //标准输入/输出头文件
#include <termios.h>                        //终端输入/输出头文件
#include <unistd.h>                         //包含 read()函数头文件
#include <stdlib.h>                         //标准库文件
#include <sys/time.h>                       //系统时间头文件
#include <fcntl.h>                          //包含 open()函数头文件

#define PWM_IOCTL_SET_FREQ      1           //脉宽设定
#define PWM_IOCTL_STOP          0           //脉宽停止
#define FL1 1                               //宏定义电机控制线
#define FL2 7
#define FR1 9
```

```
#define FR2 10
int OUTIO_fd;                                //定义输出设备文件描述符
int INIO_fd;                                 //定义输入设备文件描述符
#define Freq 100

//左右电机频率结构体,freq1 为左电机输出频率, freq2 为右电机输出频率
struct _freqs
{
  int freq_left;
  int freq_right;
  int width_left;
  int width_right;
};
static int PWM_fd = -1;                      //定义 PWM 驱动设备文件描述符
void openINIO(void);                         //打开输入设备文件
void set_pwm(int f_left, int w_left, int f_right, int w_right);
//设置电机输出频率函数
void openOUTIO(void);                         //打开输出设备文件
static void close_pwm(void);                 //关闭脉宽函数
static void open_pwm(void);                  //打开脉宽函数
void forward();                              //前进函数
void back();                                 //后退函数
void turn_left();                            //左转函数
void turn_right();                           //右转函数

void openOUTIO(void)
{
    OUTIO_fd = open("/dev/OUTIO", 0);        //打开 I/O 输出设备驱动文件
    if (OUTIO_fd < 0)
     {
        perror("open device OUTIO");         //打开失败返回报错信息
        exit(1);
     }
}
static void open_pwm (void)                  //打开电机设备函数
{
    PWM_fd = open("/dev/newpwm", 0);         //打开 PWM 设备驱动文件
    if (PWM_fd < 0)
     {
        perror("open pwm device");
```

```
        exit(1);                        //打开错误，则终止进程。退出参数为 1
    }
    atexit(close_pwmr);                 //退出回调 close_buzzer
    return;
}

static void close_pwm(void)             //关闭电机设备
{
    if (PWM_fd >= 0)
    {
        ioctl(PWM_fd, PWM_IOCTL_STOP); //停止电机旋转
        close(PWM_fd);                  //关闭设备驱动文件
        PWM_fd = -1;
    }
}
void forward()                    //前进函数
{
    ioctl(OUTIO_fd,0,FL1);        //左电机控制线 1 为 0，对应驱动中数组元素 1
    ioctl(OUTIO_fd,1,FL2);        //左电机控制线 2 为 1，对应驱动中数组元素 7
    ioctl(OUTIO_fd,0,FR1);        //右电机控制线 1 为 0，对应驱动中数组元素 9
    ioctl(OUTIO_fd,1,FR2);        //右电机控制线 2 为 1，对应驱动中数组元素 10
}
void back()                       //后退函数
{
    ioctl(OUTIO_fd,1,FL1);        //左电机控制线 1 为 1
    ioctl(OUTIO_fd,0,FL2);        //左电机控制线 2 为 0
    ioctl(OUTIO_fd,1,FR1);        //右电机控制线 1 为 1
    ioctl(OUTIO_fd,0,FR2);        //右电机控制线 1 为 0
}
void turn_left()                  //左转函数
{
    ioctl(OUTIO_fd,1,FL1);        //左电机控制线 1 为 1
    ioctl(OUTIO_fd,0,FL2);        //左电机控制线 2 为 0
    ioctl(OUTIO_fd,0,FR1);        //右电机控制线 1 为 0
    ioctl(OUTIO_fd,1,FR2);        //右电机控制线 1 为 1
}
void turn_right()                 //右转函数
{
    ioctl(OUTIO_fd,0,FL1);        //左电机控制线 1 为 0
    ioctl(OUTIO_fd,1,FL2);        //左电机控制线 2 为 1
```

```
    ioctl(OUTIO_fd,1,FR1);      //右电机控制线 1 为 1
    ioctl(OUTIO_fd,0,FR2);      //右电机控制线 1 为 0
 }
 //设定脉宽频率函数
 void set_pwm(int f_left, int w_left, int f_right, int w_right)
 {
  struct _freqs myfreqs;
  myfreqs.freq_left = f_left;
  myfreqs.width_left = w_left;
  myfreqs.freq_right = f_right;
  myfreqs.width_right = w_right;
  int ret = ioctl(PWM_fd, PWM_IOCTL_SET_FREQ, &myfreqs);
  if(ret < 0)
  {
   perror("set the PWM");
   exit(1);
  }
 }
//打开输出设备函数
void openOUTIO(void)
{
    OUTIO_fd = open("/dev/OUTIO", 0);
    if (OUTIO_fd < 0)
     {
        perror("open device OUTIO");
        exit(1);
     }
}
//打开输入设备函数
void openINIO(void)
{
    INIO_fd = open("/dev/INIO", 0);     //只读打开 INIO 设备文件
    if (INIO_fd < 0)
     {
        perror("open device INIO");
        exit(1);
     }
}
//系统初始化函数
void system_init()
```

```
{
  open_pwm();    //open PWM
  openINIO();    //open INPUT
  openOUTIO();  //open OUTPUT
  forward();
  stop();
}
int check_by_way(int *last_state, char pin_state, int direction)
{
  if ( (pin_state & 0x01)==1 )           //右移 X 位，与上 1，是否等于 1
  {
    if (direction == LEFT)               //判断 direction 值
    {
     turn_right();                       //调用右转弯函数
     set_pwm(Freq,600,Freq,600);        //设定脉宽频率
     printf("LEFT Is ON and Now Turn RIGHT!\n");//输出运行结果
       sleep(1);                         //休眠 1μs
    }
    else
    {
     turn_left();                        //调用左转弯函数
     set_pwm(Freq,600,Freq,600);        //设定脉宽频率
     printf("RIGHT Is ON and Now Turn LEFT!\n");//输出运行结果
       sleep(1); ;                       //休眠 1μs
    }
    forward();
    printf("********Go Forward!********\n");
  }
  return 0;
}
int getway(void)
{
  char current_INIO[9];                  //定义数组 存储灰度、红外传感器值
  int now_turn = 0;
  unsigned char Flag;
  int *tmp;
 //读入设备探测值并保存
  read(INIO_fd, current_INIO, sizeof current_INIO);
  Flag = tohex(current_INIO,9);          //将数组值转换成十六进制数
  check_by_way(tmp, (Flag>>5), LEFT);   //Flag 右移 5 位
```

```
  check_by_way(tmp, (Flag>>6), RIGHT); //Flag右移6位
}

int main(int argc, char **argv)
{
  system_init();                          //初始化
  forward();                              //前进
  set_pwm(Freq,800,Freq,800);             //设置脉宽频率
  printf("********Go Forward!********\n");
  while(1)
   {
     getway();
   }
}
```

终端执行结果如图5-7所示。

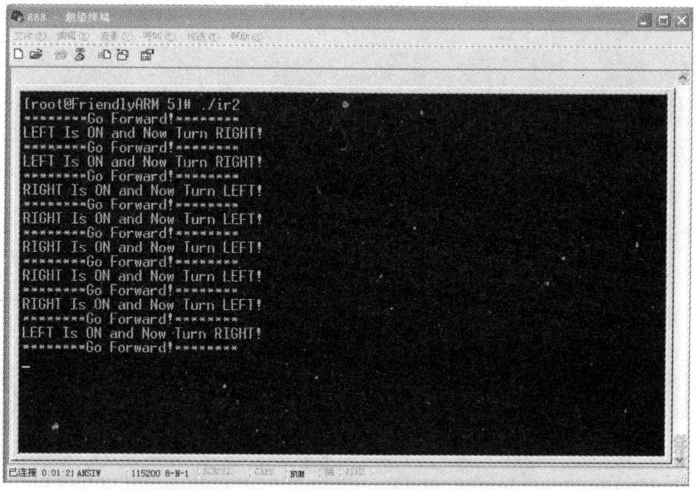
[root@FriendlyARM 5]# ./ir2
********Go Forward!********
LEFT Is ON and Now Turn RIGHT!
********Go Forward!********
LEFT Is ON and Now Turn RIGHT!
********Go Forward!********
RIGHT Is ON and Now Turn LEFT!
********Go Forward!********
RIGHT Is ON and Now Turn LEFT!
********Go Forward!********
RIGHT Is ON and Now Turn LEFT!
********Go Forward!********
RIGHT Is ON and Now Turn LEFT!
********Go Forward!********
RIGHT Is ON and Now Turn LEFT!
********Go Forward!********
LEFT Is ON and Now Turn RIGHT!
********Go Forward!********

图5-7　红外避障终端执行结果

5.4.5 用arm_linux交叉编译程序

首先进入测试程序源代码目录：

```
#cd /tftpboot/lesson_1/
```

然后，使用命令行进行手工交叉编译示例程序：

```
#arm-linux-gcc -o ir1 ir1.c
```

或者借助编译脚本进行编译：

```
#make
```

最后将生成 ir1/ir2 可执行文件，使用 file 命令可以检查生成的 ir1 可执行文件是否为 ARM 体系和格式版本，是否是能在开发板上正常运行的可执行文件。

```
[root@ lesson_1]#file ir1
ir1:ELF 32-bit LSB executable,ARM,version1 (SYSV)·,dynamically linked (uses shared libs) ,for GUN/Linux2.6.14,not stripped
```

5.4.6 烧写可执行文件

将编译好的可执行文件下载到目标板，采用 NFS 烧写的方法。

如前所述，先搭建好超级终端和 NFS 服务器，然后在命令行输入以下命令（假定服务器的 IP 地址为 192.168.1.123）。

```
#mount -t nfs -o nolock 192.168.1.123:/home  /mnt
```

挂接成功，就可以进入/mnt 目录进行操作了，在 PC Linux 终端把 ir1/ir2 放到/home 目录，然后在开发板的串口终端执行：

```
#cd /mnt
#./ir1
```

在超级终端上运行 ir1/ir2，可看到红外传感器测量到的返回值。

将 ir1/ ir2 写入开机运行程序脚本中，使其在开机时自动运行。

用 vi 编辑器打开开机运行脚本/etc/rSc。

```
#vi /etc/rSc
```

在脚本末尾写入：

```
/mnt/ir2
```

5.5 考核评价

任务 1 实现小车红外报警

要求：了解红外传感器的工作原理，掌握发射与接收一体的光电传感器工作原理。掌握 C 语言程序中“break”和“return”的使用方法，期间还能够自主排查错误跟踪调试。能用专业语言正确流利地展示项目成果，思路清晰、有条理，能圆满回答老师与同学提出的问题；项目总结报告格式符合标准、内容完整，有详细过程记录和分析，并能提出一些新的建议。

任务2　实现小车红外避障巡航

要求：掌握C语言程序中指针的使用方法，编写红外探测函数，能独立编写红外避障程序，使探月小车完成避障功能，并下载烧写程序，期间还能够自主排查错误跟踪调试。能用专业语言正确流利地展示项目成果，思路清晰、有条理，能圆满回答老师与同学提出的问题；项目总结报告格式符合标准、内容完整，有详细过程记录和分析，并能提出一些新的建议。

5.6　拓展提高

任务　实现小车红外测距

要求：根据红外光频的探测距离编写程序实现光频测距功能，并下载烧写程序，期间还能够自主排查错误跟踪调试。能用专业语言正确流利地展示项目成果，思路清晰、有条理，能圆满回答老师与同学提出的问题；项目总结报告格式符合标准、内容完整，有详细过程记录和分析，并能提出一些新的建议。

项目6 超声模块设计

6.1 项目描述

本项目的主要内容是：运用 S3C2440 的 GPIO 接口编程，检测超声波传感器返回值，根据发射和接收回波的时间计算探月小车和障碍物之间的距离，以及根据超声传感器返回值控制探月小车直行、小左转、大左转、小右转、大右转等功能，实现探月小车躲避障碍功能。

本模块通过超声波传感器来测距和导航探月小车，使探月小车能够自主巡航而不会撞到物体。本模块是探月小车实现多功能自主漫游控制的一个重要基础。

6.2 教学目标

通过学习与实践，掌握以下知识和技能。

① 掌握 S3C2440 的 GPIO 接口的扩展使用；
② 掌握如何调用系统时间；
③ 掌握超声波传感器的基本工作原理和检测方法；
④ 能够编写小车避障函数；
⑤ 学习掌握 Linux 环境下嵌入式交叉编译环境的使用；
⑥ 掌握 Windows 下程序的烧写过程；
⑦ 掌握在 Windows 超级终端下查看测量值；
⑧ 掌握如何让超声波可执行文件在嵌入式系统开机时自动运行。

6.3 知识准备

6.3.1 超声波传感器

超声波传感器是利用超声波的特性研制而成的传感器。超声波是一种振动频率高于声波的机械波，由换能晶片在电压的激励下发生振动而产生，它具有频率高、波长短、绕射现象小，特别是方向性好、能够成为射线而定向传播等特点。超声波对液体、固体的穿透本领很大，尤其是在阳光不透明的固体中，它可穿透几十米的深度。超声波碰到杂质或分界面会产生显著的反射形成反射回波，碰到活动物体能产生多普勒效应。本章利用 S3C2440 随时扫描和判断超声波的回波来测量障碍物距离和导航探月小车。

超声波传感器实物图如图6-1所示。

6.3.2　超声波测距原理及计算公式

超声波传感器向空气中发射声脉冲，声波遇到被测物体反射回来，若可以测出第一个回波达到的时间与发射脉冲间的时间差 t，利用 $s=\frac{1}{2}vt$，即可算得传感器与反射点间的距离 s，测量距离 $d=\sqrt{s^2-\left(\frac{h}{2}\right)^2}$，若 $s>>h$，则 $d\approx s$。h、s、d 的关系如图6-2所示。

图 6-1　超声波传感器实物图

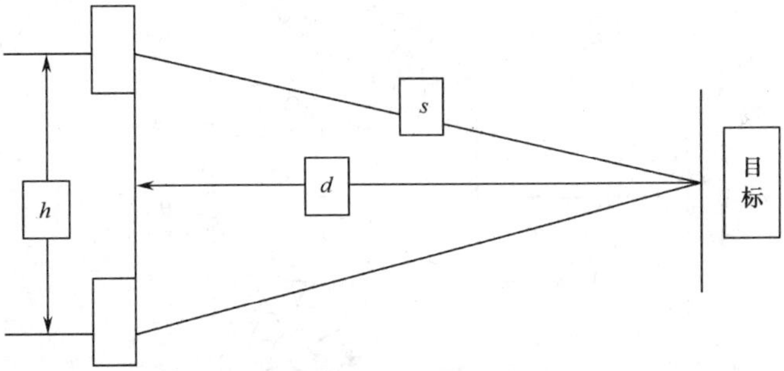

图 6-2　h 与 s 和 d 的关系

对于接收探头，因为接收的超声波信号很微弱而且考虑到干扰的因素，接收端有放大电路与滤波电路。当接收到超声波时，I/O 口即为高电平，通过 I/O 口来确定是否检测到超声波，因此通过计算测得距离障碍物的距离进而判断是否转弯。

6.3.3　超声波传感器工作时序

超声波传感器工作时序图如图 6-3 所示。

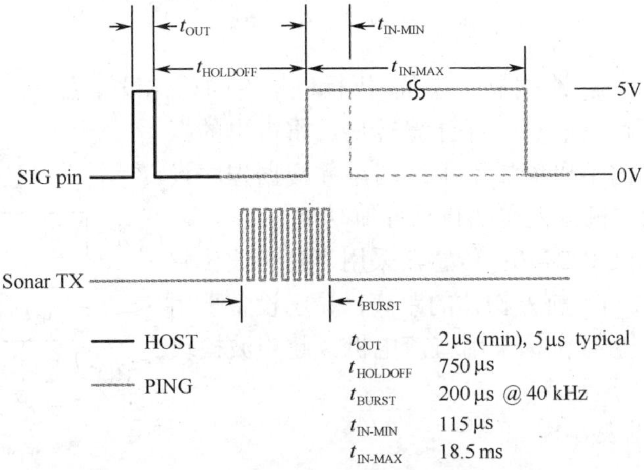

图 6-3　超声波传感器工作时序图

6.3.4 超声波不能测距的几种情况

超声波传感器在下列情况下不能精确测量距离。

① 与物体距离大于 3m，如图 6-4（a）所示。

② 与物体表面形成的反射角度太小，使声音不能返回到传感器，如图 6-4（b）所示。

③ 物体太小以至于没有足够强度的声音返回到传感器，如图 6-4（c）所示。

另外，如果位差超声波距离传感器安装在设备的低处，就可以探测到从地板反射回来的声音。

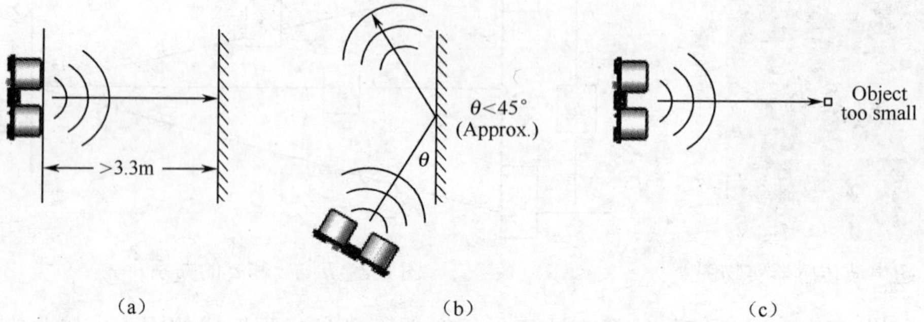

图 6-4 超声波传感器不能工作的情况

6.4 任务实现

6.4.1 方案设计

采用“MCU+传感器+终端显示设备+执行机构”的总体设计方案，要求 MCU 对非接触式传感器获取的外部距离信息进行计算转换，将得出的探月小车与前方障碍物的距离值显示于终端，并根据程序设定的距离阈值控制轮式机器人实现自动导航功能。

其中，MCU 采用 S3C2440；传感器采用“超声波传感器”，以非接触的形式测量前方物体的距离；显示设备采用 Windows 超级终端；执行机构采用直流电机。超声波模块系统总体框图如图 6-5 所示。

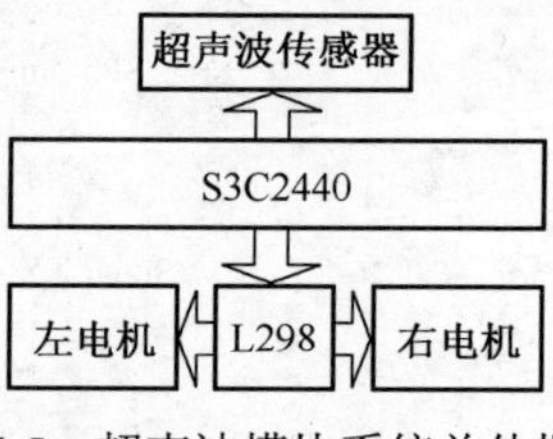

图 6-5 超声波模块系统总体框图

GPIO 引脚说明见表 6-1。

表 6-1　超声波模块 GPIO 引脚说明

超声波模块		
引　脚	开发板 CON4	功 能 说 明
GPG0	16 引脚	电机 1 控制信号
GPG1	17 引脚	电机 1 控制信号
GPB0	31 引脚	电机 1 使能及脉宽调速
GPG10	18 引脚	电机 2 控制信号
GPG11	19 引脚	电机 2 控制信号
GPB1	32 引脚	电机 2 使能及脉宽调速
VCC	1 引脚	5V 电压
GND	3 引脚	接地
GPG2	28 引脚	超声波输入口
GPG9	22 引脚	超声波输出口

6.4.2　硬件电路设计

DYP-ME007 超声波引脚说明如下。

① VCC——5V 电源引脚；

② Trig——触发信号引脚；

③ Echo——回响信号输出引脚；

④ OUT——开关信号引脚；

⑤ GND——0V 地线连接引脚。

提供一个 10μs 的脉冲触发信号，超声波传感器内部将发出 8 个 40Hz 周期电平并检测回波。一旦检测到回波信号则输出回响信号。分别用 GPG9 和 GPG2 引脚来控制超声波输出口和超声波输入口，超声波模块电路原理图如图6-6所示。

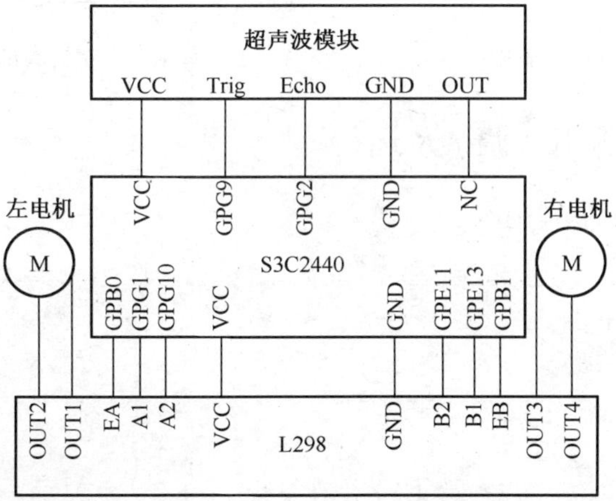

图 6-6　超声波模块电路原理图

6.4.3 程序设计

本功能模块完成的第一个任务是探月智能小车超声波测距。首先对输入/输出设备接口定义，在 main（）程序中重复触发输出设备发出超声波，然后判断是否接收到回波，确认是否接收到回波是根据读入输入设备的具体检测值，根据发射和接收的时间差求出被测物体的距离，并将测得距离值显示到终端上。探月智能小车超声波测距流程图如图6-7所示。

本功能模块完成的第二个任务是探月智能小车超声波避障。首先对输入/输出设备接口定义，在 main（）程序中重复触发输出设备发出超声波，然后判断是否接收到回波，确认是否接收到回波是根据读入输入设备的具体检测值，根据发射和接收的时间差求出被测物体的距离，判断距离是否在规定避障距离范围内，如在小于规定标准距离内调用左转或右转函数，完成探月智能小车超声波避障任务。探月智能小车超声波避障流程图，如图6-8所示。

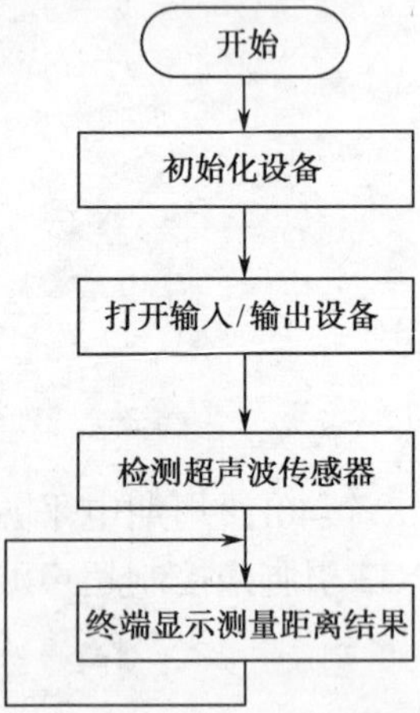

图 6-7 探月智能小车超声波测距流程图

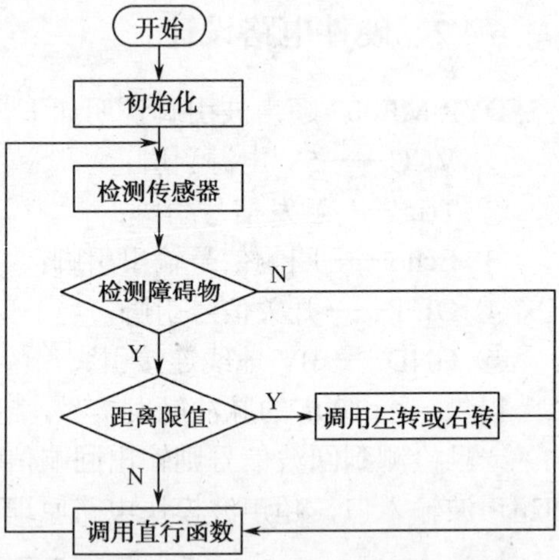

图 6-8 探月智能小车超声波避障流程图

6.4.4 程序代码编辑、调试及运行

任务 1 超声波距离测量

```
/*==========================================================
程序名：distance1.c
功  能：超声波测距。
==========================================================*/
#include<stdio.h>
#include<termios.h>
#include<unistd.h>
```

```
#include<stdlib.h>
#include<sys/time.h>
#include<fcntl.h>
#include<string.h>
int PWM_fd;
int OUTIO_fd;
int INIO_fd;
#define DIS 6
#define LOW 0
#define HIGHT 1
//打开输出设备函数
void openOUTIO(void)
{
    OUTIO_fd = open("/dev/OUTIO", 0);  //打开输出设备函数
    if (OUTIO_fd < 0)
    {
        perror("open device OUTIO");    //返回打开失败信息
        exit(1);
    }
}
//打开输入设备函数
void openINIO(void)
{
    INIO_fd = open("/dev/INIO", 0);    //打开输入设备文件
    if (INIO_fd < 0)
    {
        perror("open device INIO");     //返回打开失败信息
        exit(1);
    }
}
//测距函数
int get_dis(void)
{
  long int out_n, out_n2;
  char current_INIO[8];                          //传感器设备信息数组
  struct timeval start, end;                     //定义事件开始、结束结构体
  int timeuse;
  timeuse = 10000;
  out_n =  10000;                                //3400000;
  read(INIO_fd, current_INIO, sizeof current_INIO);//读输入设备信息并保存
```

```
                                                                          在数组中
    printf("Here1 \n");
    //10 us
    ioctl( OUTIO_fd, LOW, DIS);   //超声波传感器控制线为 0，对应引脚 6
    usleep(10);                   //休眠 10ms
    ioctl( OUTIO_fd, HIGHT, DIS); //超声波传感器控制线为 1，对应引脚 6
    usleep(10);                   //休眠 10ms
    ioctl( OUTIO_fd, LOW, DIS);   //超声波传感器控制线为 0，对应引脚 6
    printf("Here \n");
  //同时满足 out_n 大于 0 和 current_INIO 数组第七位为 0 时，重读摄入设备信息
    while(  (out_n > 0) && (current_INIO[7]!= '1'))
    {
      out_n--;
      read(INIO_fd, current_INIO, sizeof current_INIO);
    }

    if ( out_n > 0 )
    {
      out_n = 2*1000;                //10000000;
      gettimeofday(&start, NULL); //start 记录时间开始值
  //同时满足 out_n 大于 0 和 current_INIO 数组第七位为 1 时，重读摄入设备信息
      while( ((out_n--) > 0) && (current_INIO[7]== '1'))
      {
        read(INIO_fd, current_INIO, sizeof current_INIO);
      }
      gettimeofday(&end, NULL);   //end 记录时间开始值
  //计算时间.tv_usec 为μs
      timeuse = 1000000 * ( end.tv_sec - start.tv_sec ) + end.tv_usec - 
start.tv_usec;
      timeuse = 0.17*timeuse;
    }

    if ( timeuse > 5)
    return ( timeuse);
    else
    return 4000;
  }
  //初始化函数
  void system_init()
  {
    openINIO();                       //调用输入设备函数
```

```
  openOUTIO();                          //调用输出设备函数
}
//主函数
int main(int argc, char **argv)
{
  int dis=0;
  system_init();                                        //初始化
while(1)
  {
    dis = get_dis();                                    //调用测距函数并赋值给 dis
    printf(" Distance is %dmm \n", dis);     //终端打印测距结果
    sleep(1);
   }
}
```

终端执行结果如图6-9所示。

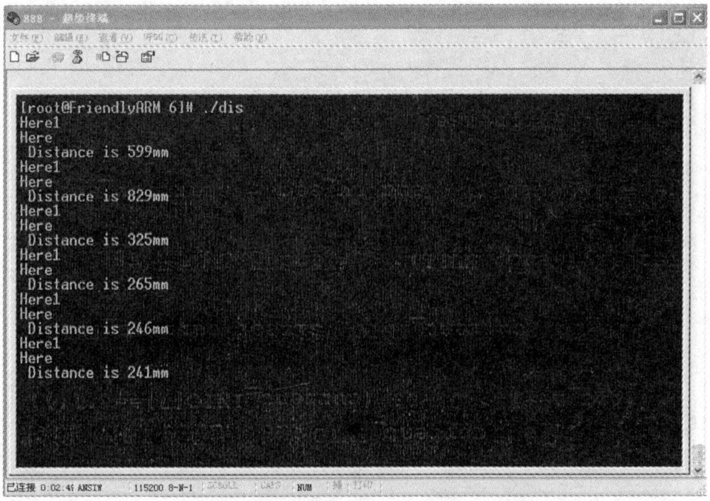

图 6-9　超声波距离测量终端执行结果

任务2　超声波避障

```
/*=============================================================
任务二：超声波避障
程序名：distance2.c
功　能：利用超声波传感器巡航
=============================================================*/
```

```
#include<stdio.h>
#include<termios.h>
#include<unistd.h>
#include<stdlib.h>
#include<sys/time.h>
#include<fcntl.h>
#include<string.h>
#include<pthread.h>
//1 为白线，0 为黑线
#define WHITE_LINE 1
#define PWM_IOCTL_SET_FREQ  1
#define PWM_IOCTL_STOP  0
#define Freq 100
#define FL1 1                          //左电机正反转控制线 1
#define FL2 7                          //左电机正反转控制线 2
#define FR1 9                          //右电机正反转控制线 1
#define FR2 10                         //右电机正反转控制线 2
#define BIGLEFT 0
#define LEFT 1
#define NOTURN 2
#define RIGHT 3
#define BIGRIGHT 4
#define DIS 6
#define LOW 0                          //低电平
#define HIGHT 1                        //高电平
int dis_now=1000;
int PWM_fd;
int OUTIO_fd;
int INIO_fd;
//频率结构体
struct _freqs
{
  int freq_left;
  int freq_right;
  int width_left;
  int width_right;
};
static void open_pwm(void);
static void close_pwm(void);
void openINIO(void);
```

```
void set_pwm(int f_left, int w_left, int f_right, int w_right);
void openOUTIO(void);                                   //打开输出设备文件
static void close_pwm(void);                            //关闭电机驱动设备
static void open_pwm(void);                             //打开电机驱动设备
static void set_pwm_freq(struct _freqs freqs); //设置电机输出频率
void forward();                                         //前进设置
void back();                                            //后退设置
void turn_big_left();                                   //大左转设置
void turn_big_right();                                  //大右转设置
//打开输出设备函数
void openOUTIO(void)
{
    OUTIO_fd = open("/dev/OUTIO", 0);  //O_RDONLY 定义为 0
    if (OUTIO_fd < 0)
    {
        perror("open device OUTIO");    //打开失败返回报错信息
        exit(1);
    }
}
static void open_pwm (void)             //打开电机设备函数
{
    PWM_fd = open("/dev/newpwm", 0);    //打开 pwm 设备驱动文件
    if (PWM_fd < 0)
    {
        perror("open pwm device");
        exit(1);                        //打开错误，则终止进程。退出参数为 1
    }
    atexit(close_pwm);                  //退出回调 close_buzzer
    return;
}
static void close_pwm (void)            //关闭电机设备
{
    if (PWM_fd >= 0)
    {
        ioctl(PWM_fd, PWM_IOCTL_STOP); //停止电机旋转
        close(PWM_fd);                  //关闭设备驱动文件
        PWM_fd = -1;
    }
}
//设置电机脉宽频率函数
```

```
static void set_pwm_freq(struct _freqs freqs)      //freqs 为传递的参数
{
    int ret = ioctl(PWM_fd, PWM_IOCTL_SET_FREQ, &freqs); //成功 0，失败 1
    if(ret < 0)
    {
        perror("set the frequency of the buzzer"); //返回报错信息
        exit(1);
    }
}
void forward()                          //前进函数
{
    ioctl(OUTIO_fd,0,FL1);      //左电机控制线 1 为 0，对应驱动中数组元素 1
    ioctl(OUTIO_fd,1,FL2);      //左电机控制线 2 为 1，对应驱动中数组元素 7
    ioctl(OUTIO_fd,0,FR1);      //右电机控制线 1 为 0，对应驱动中数组元素 9
    ioctl(OUTIO_fd,1,FR2);      //右电机控制线 2 为 1，对应驱动中数组元素 10
}
void back()                             //后退函数
{
    ioctl(OUTIO_fd,1,FL1);      //左电机控制线 1 为 1
    ioctl(OUTIO_fd,0,FL2);      //左电机控制线 2 为 0
    ioctl(OUTIO_fd,1,FR1);      //右电机控制线 1 为 1
    ioctl(OUTIO_fd,0,FR2);      //右电机控制线 2 为 0
}
void turn_left()                        //左转函数
{
    ioctl(OUTIO_fd,1,FL1);      //左电机控制线 1 为 1
    ioctl(OUTIO_fd,0,FL2);      //左电机控制线 2 为 0
    ioctl(OUTIO_fd,0,FR1);      //右电机控制线 1 为 0
    ioctl(OUTIO_fd,1,FR2);      //右电机控制线 2 为 1
}
void turn_right()                       //右转函数
{
    ioctl(OUTIO_fd,0,FL1);      //左电机控制线 1 为 0
    ioctl(OUTIO_fd,1,FL2);      //左电机控制线 2 为 1
    ioctl(OUTIO_fd,1,FR1);      //右电机控制线 1 为 1
    ioctl(OUTIO_fd,0,FR2);      //右电机控制线 2 为 0
}
void stop()
{
    ioctl(OUTIO_fd,0,FL1);      //左电机正反转控制线 1 为 0
```

```
    ioctl(OUTIO_fd,0,FL2);        //左电机正反转控制线 2 为 0
    ioctl(OUTIO_fd,0,FR1);        //右电机正反转控制线 1 为 0
    ioctl(OUTIO_fd,0,FR2);        //右电机正反转控制线 2 为 0
}
//停止脉宽设定函数
static void stop_pwm(void)
{
    forward();
    int ret = ioctl(PWM_fd, PWM_IOCTL_STOP);
    if(ret < 0)
    {
        perror("stop the pwm");
        exit(1);
    }
}
//设定脉宽频率函数
void set_pwm(int f_left, int w_left, int f_right, int w_right)
{
  struct _freqs myfreqs;
  myfreqs.freq_left = f_left;
  myfreqs.width_left = w_left;
  myfreqs.freq_right = f_right;
  myfreqs.width_right = w_right;
  int ret = ioctl(PWM_fd, PWM_IOCTL_SET_FREQ, &myfreqs);
  if(ret < 0)
  {
    perror("set the PWM");
    exit(1);
  }
}
//打开输出设备函数
void openOUTIO(void)
{
    OUTIO_fd = open("/dev/OUTIO", 0);
    if (OUTIO_fd < 0)
    {
        perror("open device OUTIO");
        exit(1);
    }
}
```

```
//打开输入设备函数
void openINIO(void)
{
    INIO_fd = open("/dev/INIO", 0);
    if (INIO_fd < 0)
    {
        perror("open device INIO");
        exit(1);
    }
}
//初始化函数
void system_init()
{
  open_pwm();          //打开脉宽函数
  openINIO();          //打开输入设备函数
  openOUTIO();         //打开输出设备函数
  forward();
  stop();
}
int check_by_way(int *last_state, char pin_state, int direction)
{
  //printf(" pin_state:%c\n", (pin_state & 0x01)+'0');
  if ( (pin_state & 0x01)==1 )
  {
    if (direction == LEFT)
    {
      turn_right();
      set_pwm(Freq,600,Freq,600);
      printf("LEFT Is ON and Now Turn RIGHT!\n");
      sleep(1);
    }
    else
    {
      turn_left();
      set_pwm(Freq,600,Freq,600);
      printf("RIGHT Is ON and Now Turn LEFT!\n");
      sleep(1);
    }
    forward();
    printf("********Go Forward!********\n");
```

```
  }
  return 0;
}
//检查底线颜色函数
int check_flag(int flag)
{
  if (  WHITE_LINE  )
   return( ( ~flag ) & 0x1FF );
  else
   return flag;
}
//字符转换
unsigned char tohex(unsigned char *IN,int N)
{
  int i;
  int result;
  result = 0;
  for (i = 0 ; i < N; i++)                   //循环5次
   {
     if ( IN[i] == '1')                      //判断i位
     {
       result |= (1<<i);                     //左移i位或上原值
     }
   }
  result = check_flag(result);               //调用底线对比函数
  return result;
}
int getway(void)
{
  char current_INIO[9];
  int now_turn = 0;
  unsigned char Flag;
  int *tmp;
  read(INIO_fd, current_INIO, sizeof current_INIO);
  Flag = tohex(current_INIO,9);
  check_by_way(tmp, (Flag>>5), LEFT);   //调用check_by_way函数
  check_by_way(tmp, (Flag>>6), RIGHT); //
}
//测距函数
int get_dis(void)
```

```
{
  long int out_n, out_n2;
  char current_INIO[8];                        //传感器设备信息数组
  struct timeval start, end;                   //定义事件开始、结束结构体
  int timeuse;
  timeuse = 10000;
  out_n =  10000;                              //3400000;
  //读输入设备信息并保存 在数组中
  read(INIO_fd, current_INIO, sizeof current_INIO);
  printf("Here1 \n");
  //10 us
  ioctl( OUTIO_fd, LOW, DIS);                  //超声波传感器控制线为 0，对应引脚 6
  usleep(10);                                  //休眠 10ms
  ioctl( OUTIO_fd, HIGHT, DIS);                //超声波传感器控制线为 1，对应引脚 6
  usleep(10);                                  //休眠 10ms
  ioctl( OUTIO_fd, LOW, DIS);                  //超声波传感器控制线为 0，对应引脚 6
  printf("Here \n");
  //同时满足 out_n 大于 0 和 current_INIO 数组第七位为 0 时，重读摄入设备信息
  while(  (out_n > 0) && (current_INIO[7]!='1'))
  {
    out_n--;
    read(INIO_fd, current_INIO, sizeof current_INIO);
  }
  if ( out_n > 0 )
  {
    out_n = 2*1000;                            //10000000;
    gettimeofday( &start, NULL );              //start 记录时间开始值
//同时满足 out_n 大于 0 和 current_INIO 数组第七位为 1 时，重读摄入设备信息
    while( ((out_n--) > 0) && (current_INIO[7]== '1'))
    {
      read(INIO_fd, current_INIO, sizeof current_INIO);
    }
    gettimeofday( &end, NULL );                //end 记录时间开始值
//计算时间.tv_usec 为μs
    timeuse = 1000000 * ( end.tv_sec - start.tv_sec ) + end.tv_usec -
    start.tv_usec;
    timeuse = 0.17*timeuse;
  }
  if ( timeuse > 5)
  return ( timeuse);
```

```
    else
    return 4000;
  }
  //获得当前距离函数
  void get_now_dis(void)
  {
   while(1)
    {
      dis_now = get_dis();
      printf(" Distance is %dmm \n", dis_now);
      usleep(100000);
    }
  }
  //线程函数
  //第一个参数为指向线程标识符的指针。
  //第二个参数用来设置线程属性。
  //第三个参数是线程运行函数的起始地址。
  //最后一个参数是运行函数的参数。
  //另外，在编译时注意加上-lpthread参数，以调用静态链接库。因为pthread并非Linux
系统的默认库
  void Start_Thread_getway(void)
  {
    pthread_t id;
    int ret;
    ret = pthread_create(&id,NULL,(void *)get_now_dis,NULL);//创建线程函数
    if (ret != 0)
    {
      printf("Create pthread Erro! \n");      //返回错误信息
      exit(1);
    }
  }
  int main(int argc, char **argv)
  {
    system_init();                            //初始化
    set_pwm(Freq,600,Freq,600);               //设定脉宽频率
    Start_Thread_getway();                    //调用线程函数
    while(1)
    {
      getway();                               //调用执行函数
      if (dis_now<200)                        //判断距离是否小于200
```

```
            {
              turn_left();
              set_pwm(Freq,800,Freq,600);          //设定脉宽频率
              printf("Find Object and Now Turn LEFT!\n");//终端打印信息
              sleep(1);                            //休眠 1μs
              forward();
            }
        }
    }
```

终端执行结果如图6-10所示。

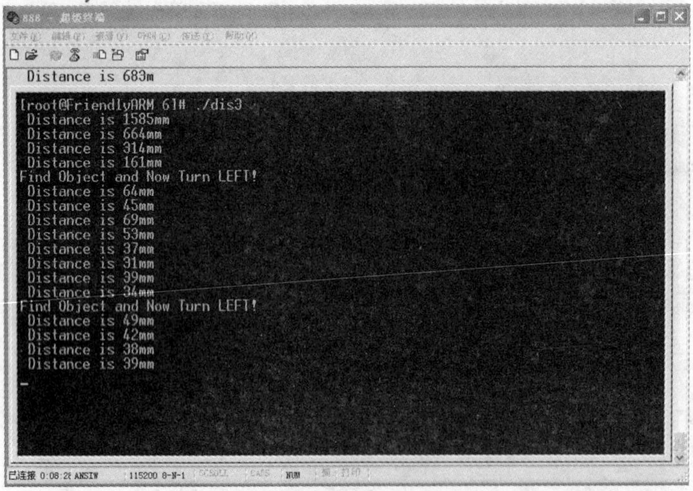

图 6-10　超声波避障终端执行结果

6.4.5　用 arm_linux 交叉编译程序

首先进入测试程序源代码目录：

```
#cd /tftpboot/lesson_1/
```

然后，使用命令行进行手工交叉编译示例程序：

```
#arm-linux-gcc -o distance1 distance1.c
```

或者借助编译脚本进行编译：

```
#make
```

最后将生成 distance1/distance2 可执行文件，使用 file 命令可以检查生成的 distance1 可执行文件是否为 ARM 体系和格式版本，是否是能在开发板上正常运行的可执行文件。

```
[root@ lesson_1]#file distance1
distance1:ELF 32-bit LSB executable,ARM,version1(SYSV),dynamically linked
(uses shared libs) ,for GUN/Linux2.6.14,not stripped
```

6.4.6　烧写可执行文件

将编译好的可执行文件下载到目标板，采用NFS烧写的方法。

如前所述，先搭建好超级终端和NFS服务器，然后在命令行输入以下命令（假定服务器的IP 地址为192.168.1.123）。

```
#mount -o nolock 192.168.1.123:/home  /mnt
```

挂接成功，就可以进入/mnt目录进行操作了，在PC Linux终端把distance1/distance2放到/home目录，然后在开发板的串口终端执行：

```
#cd /mnt
#./distance1
```

在超级终端上运行distance1/distance2，可看到超声波传感器测量到的返回值。

将distance1/distance2写入开机运行程序脚本中，使其在开机时自动运行。

用vi编辑器打开开机运行脚本/etc/rSc：

```
#vi /etc/rSc
```

在脚本末尾写入：

```
/mnt/distance2
```

在超级终端上运行distance2，可看到超声波传感器避障时的返回值。

6.5　考核评价

任务1　实现小车超声测距

要求：能独立完成超声波测距功能，掌握超声波测距原理、公式的计算，超声波传感器基本控制，探月小车超声测距函数，探月小车超声避障函数，期间还能够自主排查错误跟踪调试，能用专业语言正确流利地展示项目成果，思路清晰、有条理，能圆满回答老师与同学提出的问题；项目总结报告格式符合标准、内容完整，有详细过程记录和分析，并能提出一些新的建议。

任务2　实现小车超声波检测报警

要求：掌握超声波测距原理、公式的计算，根据设定的距离边界值实现报警功能，能够掌握超声波脉宽时序内容，以及相关函数调用等内容，期间还能够自主排查错误跟踪调试，能用专业语言正确流利地展示项目成果，思路清晰、有条理，能圆满回答老师与同学提出的问题；项目总结报告格式符合标准、内容完整，有详细过程记录和分析，并能提出一些新的建议。

6.6 拓展提高

任务　实现小车超声波避障巡航

要求：超级终端显示超声探测结果，并控制探月小车完成超声避障，期间还能够自主排查错误跟踪调试，能用专业语言正确流利地展示项目成果，思路清晰、有条理，能圆满回答老师与同学提出的问题；项目总结报告格式符合标准、内容完整，有详细过程记录和分析，并能提出一些新的建议。

项目 7　温度模块设计

7.1　项目描述

本功能模块的主要内容是：运用 S3C2440 的 GPIO 接口编程，通过对单总线 DS-18B20 发送指令来采集温度返回值，并根据温度转换公式将温度值显示在超级终端上。

7.2　教学目标

通过学习与实践，掌握以下知识和技能。

① 掌握 S3C2440 的 GPIO 接口的扩展使用；
② 掌握 DS-18B20 温度传感器的基本工作原理和检测方法；
③ 学会编写温度采集函数；
④ 掌握 Linux 环境下嵌入式交叉编译环境的使用；
⑤ 掌握 Windows 下程序的烧写过程；
⑥ 学会 Windows 超级终端下查看测量值；
⑦ 掌握如何让温度可执行文件在嵌入式系统开机时自动运行。

7.3　知识准备

7.3.1　DS-18B20 温度传感器介绍

DS-18B20 数字温度传感器如图 7-1 所示，它采用美国 DALLAS 公司生产的 DS-18B20 可组网数字温度传感器芯片封装而成，具有耐磨耐碰、体积小、使用方便、封装形式多样的特点，适用于各种狭小空间设备数字测温和控制领域。三个引脚分别说明如下。

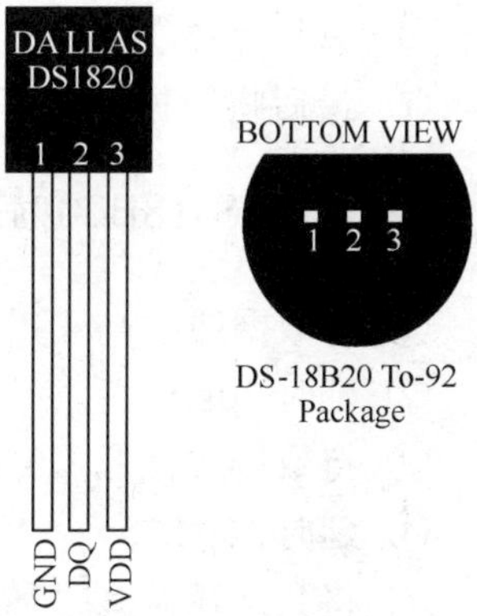

图 7-1　DS-18B20 数字温度传感器

DQ 引脚——数字信号输入/输出端；
GND 引脚——电源地；
VDD 引脚——外接供电电源输入端（在寄生电源接线方式时接地）。
温度测量范围为–55℃～+125℃，在–10℃～+85℃时精度为±0.5℃。

7.3.2 DS-18B20 温度传感器初始化

① 先将数据线置高电平“1”;

② 延时（该时间的要求不是很严格，但是尽可能短一点）;

③ 数据线拉到低电平“0”;

④ 延时 750μs（该时间的时间范围可以从 480μs 到 960μs）;

⑤ 数据线拉到高电平“1”;

⑥ 延时等待（如果初始化成功，则在 15～60ms 时间之内产生一个由 DS-18B20 所返回的低电平“0”。根据该状态可以确定它的存在，但是应注意不能无限地等待，不然会使程序进入死循环，所以要进行超时控制）;

⑦ 若 CPU 读到了数据线上的低电平“0”后，还要做延时，其延时的时间从发出的高电平算起（第⑤步的时间算起）最少要 480μs;

⑧ 将数据线再次拉高到高电平“1”后结束。

7.3.3 DS18B20 温度传感器写操作

① 数据线先置低电平“0”;

② 延时确定的时间为 15μs;

③ 按从低位到高位的顺序发送字节（一次只发送一位）;

④ 延时时间为 45μs;

⑤ 将数据线拉到高电平“ 1 ”;

⑥ 重复上述①到⑤的操作直到所有的字节全部发送完为止;

⑦ 最后将数据线拉高。

7.3.4 DS-18B20 温度传感器读操作

① 将数据线拉高“1”;

② 延时 2μs;

③ 将数据线拉低“0”;

④ 延时 15μs;

⑤ 将数据线拉高“1”;

⑥ 延时 15μs;

⑦ 读数据线的状态得到 1 个状态位，并进行数据处理;

⑧ 延时 30μs。

7.4　任务实现

7.4.1　方案设计

采用“MCU+传感器+终端显示设备”的总体设计方案，要求 MCU 对温度传感器发送指令采集外部温度信息，将采集的温度信息存放在 ROM 中，同时发送指令读取 ROM 中的温度数据，并计算转换成摄氏度，显示在超级终端上。

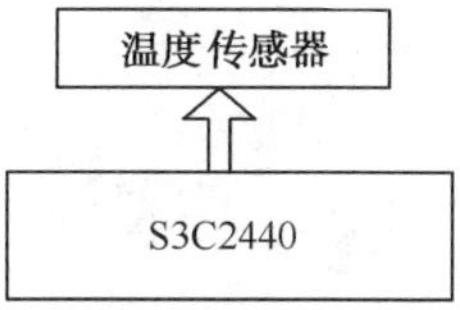

图 7-2　温度采集模块系统总体框图

其中 MCU 采用 S3C2440；传感器采用 DS-18B20 温度传感器；显示设备采用 Windows 超级终端。温度采集模块系统总体框图如图 7-2 所示。

GPIO 引脚说明见表 7-1。

表 7-1　温度采集模块 GPIO 引脚说明

温度采集模块		
引　　脚	开发板 CON4	功 能 说 明
VCC	1 引脚	5V 电压
GND	3 引脚	接地
GPH10	34 引脚	温度传感器信号线

7.4.2　硬件电路设计

探月智能小车在行进过程中采集温度，通过 GPH10 口对温度传感器进行控制，因为 DS-18B20 是单线操作，所以必须精确操作时序。通过拉高 480μs 进入请求模式，然后释放该线，DS-18B20 在检测到高电平后，延时 15～60μs，通过拉低总线 60～240μs 产生应答脉冲，随后扫描该口来确定应答。最后再次请求、接收、应答后就可以读取温度，把温度值显示到终端。

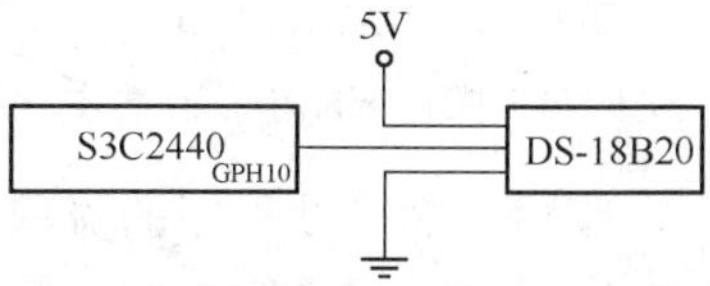

图 7-3　温度采集模块电路图

温度采集模块电路图如图 7-3 所示。

7.4.3　程序设计

本功能模块完成的任务是探月智能小车测量温度并显示。首先对输入/输出设备接口定义，然后初始化 DS-18B20 温度传感器，根据 DS-18B20 温度传感器读写时序编写温度传感器读写操作命令函数，在 main（）程序中循环读写温度传感器读写函数，并将读出的十六进制值转化成十进制值显示到终端，最终实现探月智能小车测量温度的任务。探月智能小车测温主程序流程图如图 7-4 所示。

DS-18B20 读写流程图如图7-5所示。

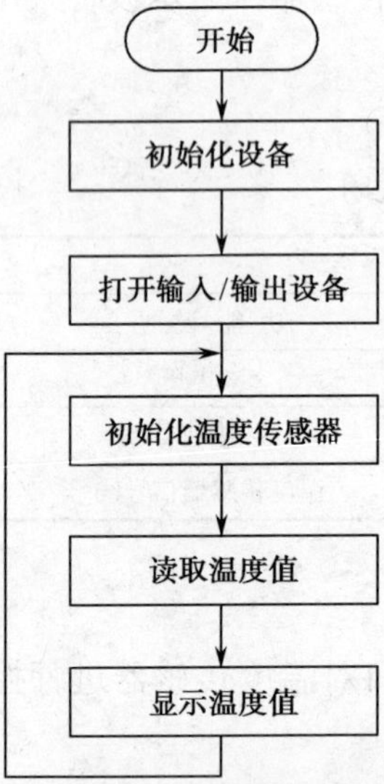

图 7-4　探月智能小车测温主程序流程图

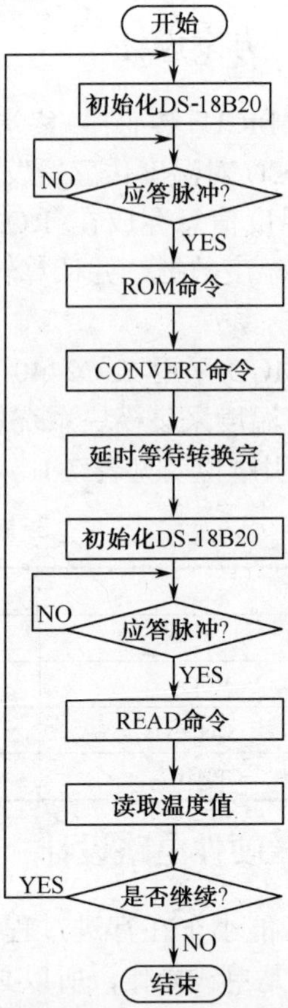

图 7-5　DS-18B20 读写流程图

读写一次温度程序的流程图说明如下。

① 初始化 DS-18B20，等待接收响应；

② 如果为 1，初始化成功，如果为 0，初始化失败；

③ 写 ROM 命令；

④ 转化温度命令；

⑤ 延时等待，给设备一些转换时间；

⑥ 重新初始化 DS-18B20，等待接收响应；

⑦ 如果为 1，初始化成功；如果为 0，初始化失败；

⑧ 给 ROM 发送读温度命令；

⑨ 读取温度值；

⑩ 判断是否继续操作；

⑪ 结束。

7.4.4　程序代码编辑、调试及运行

任务　DS-18B20 测温函数

```
/*==========================================================
程序名：18B20.c
功　能：DS-18B20 传感器测温
==========================================================*/

#include<stdio.h>
#include<termios.h>
#include<unistd.h>
#include<stdlib.h>
#include<sys/time.h>
#include<fcntl.h>
#include<linux/module.h>
#include<linux/kernel.h>
#include<linux/fs.h>
#include<linux/init.h>
#include<linux/delay.h>
#include<linux/irq.h>
#include<asm/irq.h>
#include<linux/interrupt.h>
#include<asm/uaccess.h>
#include<mach/regs-gpio.h>
#include<mach/hardware.h>
#include<linux/platform_device.h>
#include<linux/cdev.h>
#include<linux/miscdevice.h>
#include<linux/sched.h>
#include<linux/gpio.h>
typedef unsigned char BYTE;
#define DS18B20_PIN   S3C2410_GPH(10)
#define DS18B20_PIN_OUTP S3C2410_GPIO_OUTPUT
#define DS18B20_PIN_INP   S3C2410_GPIO_INPUT
```

```
#define HIGH 1
#define LOW 0
#define DEVICE_NAME "DS18B20"
static BYTE data[2];

//DS18B20 复位函数
BYTE DS18b20_reset (void)
{
    static int k=0;
    //配置 GPIOB0 输出模式
    s3c2410_gpio_cfgpin(DS18B20_PIN, DS18B20_PIN_OUTP);

    //向 18B20 发送一个上升沿，并保持高电平状态约 100μs
    s3c2410_gpio_setpin(DS18B20_PIN, HIGH);
    udelay(100);

    //向 18B20 发送一个下降沿，并保持低电平状态约 600μs
    s3c2410_gpio_setpin(DS18B20_PIN, LOW);
    udelay(600);

    //向 18B20 发送一个上升沿，此时可释放 DS-18B20 总线
    s3c2410_gpio_setpin(DS18B20_PIN, HIGH);
    udelay(100);

    //以上动作是给 DS-18B20 一个复位脉冲
    //通过再次配置 GPIOB1 引脚成输入状态，可以检测到 DS-18B20 是否复位成功
    s3c2410_gpio_cfgpin(DS18B20_PIN, DS18B20_PIN_INP);

    if(k++<10)
    //若总线在释放后总线状态为高电平，则复位失败
    if(s3c2410_gpio_getpin(DS18B20_PIN))
    {
    //printk("DS18b20 reset failed.\r\n");
      return 1;
    }
    k = 0;
    return 0;
}

void DS18b20_write_byte (BYTE byte)
{
    BYTE i;
    //配置 GPIOB1 为输出模式
    s3c2410_gpio_cfgpin(DS18B20_PIN, DS18B20_PIN_OUTP);
```

```
    //写“1”时隙:
    //保持总线在低电平 1～15μs 之间
    //然后再保持总线在高电平 15～60μs 之间
    //理想状态: 1μs 的低电平然后跳变再保持 60μs 的高电平
    //
    //写“0”时隙:
    //保持总线在低电平 15～60μs 之间
    //然后再保持总线在高电平 1～15μs 之间
    //理想状态: 60μs 的低电平然后跳变再保持 1μs 的高电平
    for (i = 0; i < 8; i++)
    {
        s3c2410_gpio_setpin(DS18B20_PIN, LOW); udelay(1);
        if(byte & HIGH)
        {
            //若 byte 变量的 D0 位是 1，则需向总线上写“1”
            //根据写“1”时隙规则，电平在此处翻转为高
            s3c2410_gpio_setpin(DS18B20_PIN, HIGH);
        }
        else
        {
            //若 byte 变量的 D0 位是 0，则需向总线上写“0”
            //根据写“0”时隙规则，电平在保持为低
            //s3c2410_gpio_setpin(DS18B20_PIN, LOW);
        }
        //电平状态保持 60μs
        udelay(60);
        s3c2410_gpio_setpin(DS18B20_PIN, HIGH);
        udelay(15);
        byte >>= 1;
    }
    s3c2410_gpio_setpin(DS18B20_PIN, HIGH);
}
BYTE DS18b20_read_byte (void)
{
    BYTE i = 0;
    BYTE byte = 0;
    //读“1”时隙:
    //若总线状态保持在低电平状态 1～15μs 之间
    //然后跳变到高电平状态且保持在 15～60μs 之间
    //就认为从 DS-18B20 读到一个“1”信号
```

```
    //理想情况: 1μs 的低电平然后跳变再保持 60μs 的高电平
    //
    //读“0”时隙:
    //若总线状态保持在低电平状态 15～30μs 之间
    //然后跳变到高电平状态且保持在 15～60μs 之间
    //就认为从 DS-18B20 读到一个“0”信号
    //理想情况: 15μs 的低电平然后跳变再保持 60μs 的高电平
    for(i = 0; i < 8; i++)
    {
        s3c2410_gpio_cfgpin(DS18B20_PIN, DS18B20_PIN_OUTP);
        s3c2410_gpio_setpin(DS18B20_PIN, LOW);
        udelay(1);
        byte >>= 1;
        s3c2410_gpio_setpin(DS18B20_PIN, HIGH);
        s3c2410_gpio_cfgpin(DS18B20_PIN, DS18B20_PIN_INP);
        // 若总线在我们设它为低电平之后若 1μs 之内变为高
        // 则认为从 DS-18B20 处收到一个“1”信号
        // 因此把 byte 的 D7 为置“1”
        if (s3c2410_gpio_getpin(DS18B20_PIN)) byte |= 0x80;
        udelay(60);
    }
    return byte;
}
void DS18b20_proc(void)
{
    int k=0;
    float result=25.2;
    while(DS18b20_reset());
    udelay(120);
    DS18b20_write_byte(0xcc);    //跳过读序号列号的操作
    DS18b20_write_byte(0x44);    //启动温度转换
    udelay(5);

    while(DS18b20_reset());
    udelay(200);

    DS18b20_write_byte(0xcc);    //跳过读序号列号的操作
    DS18b20_write_byte(0xbe);    //读取温度寄存器,前两个分别是温度的低位和高位

    data[0] = DS18b20_read_byte();  //先读的是温度值低位
    data[1] = DS18b20_read_byte();  //接着读的是温度值高位
}
```

```
    static ssize_t s3c2440_18b20_read(struct file *filp, char *buf, size_t
len, loff_t *off)
    {
        DS18b20_proc();
        buf[0] = data[0];
        buf[1] = data[1];
        return 1;
    }
    static struct file_operations s3c2440_18b20_fops =
    {
        .owner = THIS_MODULE,
        .read = s3c2440_18b20_read,
    };
    static struct miscdevice misc =
    {
        .minor = MISC_DYNAMIC_MINOR,
        .name = DEVICE_NAME,
        .fops = &s3c2440_18b20_fops,
    };
    static int __init s3c2440_18b20_init(void)
    {
        int ret;
        int i;
        ret = misc_register(&misc);
        printk (DEVICE_NAME"\tinitialized\n");
        return ret;
       while(DS18b20_reset());
    }
    static void __exit s3c2440_18b20_exit(void)
    {
      misc_deregister(&misc);
    }
    module_init(s3c2440_18b20_init);    //模块加载
    module_exit(s3c2440_18b20_exit);
    MODULE_LICENSE("GPL");
    MODULE_AUTHOR("FriendlyARM Inc.");
    int fd_18b20;                          //温度传感器设备文件
    void init_18b20();                     //初始化温度
```

```
float get_Tc(void);                    //取得当前温度值

void init_18b20()
{//打开 DS-18B20 设备
 if ((fd_18b20=open("/dev/DS18B20",O_RDWR | O_NDELAY | O_NOCTTY)) < 0)
 {
 printf("Open Device DS18B20 failed.\r\n");        //终端显示 打开失败
 exit(1);
 }
 else
 {
 printf("Open Device DS18B20 successed.\r\n");     //终端显示 打开成功
 }
}

float get_Tc(void)
{
  char buf[2];
  float result=0;
  printf("r=%d\n",result);
  read(fd_18b20, buf, 2);   //先读出的 buf[0]是低位,后读出的 buf[1]是高位
//计算温度值,低位除 16,加上高位乘 16
 result = (float)buf[0];
  result /= 16;
  result += ((float)buf[1] * 16);
  if ((result > 40) | (result < -10))
      result =25.2;
      printf("result=%f\n",result);
  return result;
}

Main()
{
  float Tc;
  init_18b20();                              //初始化温度传感器
While(1)
  {
   Tc = get_Tc(void);                        //调用温度函数 赋值给 Tc
   Printf("Tc Now is %.1f \n", Tc);          //终端打印温度值
   }
}
```

终端执行结果如图7-6所示。

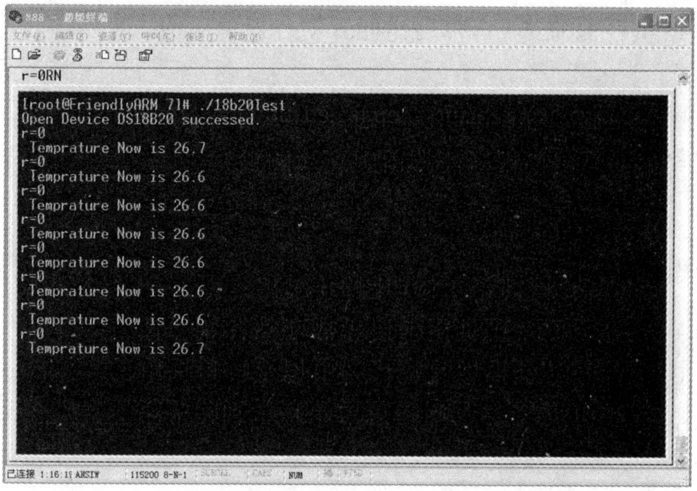

图 7-6　DS-18B20 测温函数终端执行结果

7.4.5　用 arm_linux 交叉编译程序

为方便程序书写和容易读写将写好的函数打包生成库文件，这样在主程序中直接使用库文件中的函数接口即可。

生成.ko 库文件和加载库文件时，首先编写 makefile 文件，内容如下。

```
CC = arm-linux-gcc
HOSTCC = gcc

######################################################################
KERNELDIR ?= /root/linux-2.6.32.2
######################################################################

export CC HOSTCC

obj-m := 18b20.o

all:
    $(MAKE) -C $(KERNELDIR) M=$(PWD) modules

clean:
    rm -rf *.o *.*~ *.ko
```

然后将 makefile 文件放到 18b20.c 所在的文件夹下。

```
#cd /tftpboot/lesson_1/
```

执行 make 命令。

```
[root@ lesson_1#make
```

在当前文件夹下执行 ls 命令，可以看到.ko 文件已经生成。

```
#ls
18b20.ko Makefile 18b20.c  18b20.o
```

最后将 18b20.ko 植入开发板中并在启动 insmod 时或者在启动脚本中指定 18b20.ko 的输出路径。

7.4.6 烧写可执行文件

将编译好的可执行文件下载到目标板，采用 NFS 烧写的方法。

如前所述，先搭建好超级终端和 NFS 服务器，然后在命令行输入以下命令（假定服务器的 IP 地址为 192.168.1.123）。

```
#mount -o nolock 192.168.1.123:/home  /mnt
```

挂接成功，就可以进入/mnt 目录进行操作了，在 PC Linux 终端把 18B20 放到/home 目录，然后在开发板的串口终端执行：

```
#cd /mnt
#./18B20
```

在超级终端上运行 18B20，可看到温度传感器测量到的返回值。

将 18B20 写入开机运行程序脚本中，使其在开机时自动运行。

用 vi 编辑器打开开机运行脚本/etc/rSc：

```
#vi /etc/rSc
```

在脚本末尾写入：

```
/mnt/18B20
```

7.5 考核评价

任务 实现温度检测

要求：掌握温度传感器的基本控制，温度采集函数，超级终端显示温度探测结果，DS-18B20 单总线采集数据的原理。掌握 DS-18B20 的工作原理、主要技术指标及引脚定义和功能，能用专业语言正确流利地展示项目成果，思路清晰、有条理，能圆满回答老师与同学提出的问题，项目总结报告格式符合标准、内容完整，有详细过程记录和分析，并能提出一些新的建议。

7.6 拓展提高

任务 实现温度报警

要求：掌握温度传感器的基本控制，根据设定温度值实现报警功能。掌握 DS-18B20 的工作原理、主要技术指标及引脚定义和功能，熟悉寄存器配置、工作时序，DS-18B20 温度传感器硬件电路，编写、编译温度采集程序等。跟踪调试，发现问题，修改程序，烧写程序实现温度采集并在终端显示。能用专业语言正确流利地展示项目成果，思路清晰、有条理，能圆满回答老师与同学提出的问题，项目总结报告格式符合标准、内容完整，有详细过程记录和分析，并能提出一些新的建议。

项目 8　图像采集模块设计

8.1　项目描述

本功能模块的主要内容是：运用 S3C2440 的 GPIO 接口编程，通过对 camera 发送指令来采集图片，以指定的格式大小保存在指定文件夹下，并利用 WiFi 无线网络传输到远程宿主机上，实现远程监控。

8.2　教学目标

通过学习与实践，掌握以下知识和技能。

① 掌握 S3C2440 的 GPIO 接口的扩展使用；

② 掌握 OV9650camera 的基本工作原理；

③ 会编写图片采集函数；

④ 掌握 jpg 格式图片基本原理；

⑤ 掌握图片的 RGB 色彩基本原理；

⑥ 掌握 Windows 与小车的 WiFi 连接；

⑦ 掌握远程端查看探月小车采集的图片。

8.3　知识准备

8.3.1　camera 介绍

camera 采用 OV9650 摄像头，它将透过镜头收集到的光线投放在感光元件上，由感光元件把信号转换为电信号，再把电信号转换为数字信号，数字信号进行压缩后传输或存储到监控设备和存储设备上。OV9650 摄像头实物如图8-1 所示。

图 8-1　OV9650 摄像头实物图

8.3.2　sprintf 介绍

功能：函数 sprintf（）用做格式化输出函数（图形）。

用法：此函数调用方式为 int sprintf（char *string,char *format,arg_list）。

说明：函数 sprintf（）的用法和 printf（）函数一样，只是 sprintf（）函数给出第一个参数 string（一般为字符数组），然后再调用 outtextxy()函数将串里的字符显示在屏幕上。arg_list 为参数表，可有不定个数。通常在绘图方式下输出数字时可调用 sprintf（）函数将所要输出的格式送到第一个参数，然后显示输出。

函数名：sprintf

用法：int sprintf（char *string, char *farmat [,argument,...]）;

程序举例如下。

```
#include <stdio.h>
#include <math.h>
int main(void)
{
    char buffer[80];
    sprintf(buffer, "An approximation of Pi is %f\n", M_PI);
    puts(buffer);
    return 0;
}
```

sprintf 的作用是将一个格式化的字符串输出到一个目的字符串中，而 printf 是将一个格式化的字符串输出到屏幕。sprintf 的第一个参数应该是目的字符串，如果不指定这个参数，执行过程中出现“该程序产生非法操作，即将被关闭...”的提示。因为 C 语言在进行字符串操作时不检查字符串的空间是否足够大，所以可能会出现数组越界而导致程序崩溃的问题。即使碰巧程序没有出错，也不要这么用，因为早晚会出错。所以一定要在调用 sprintf 之前分配足够大的空间给 buffer。

8.3.3　malloc（ ）介绍

函数声明（函数原型）形式如下。

```
void *malloc(int size);
```

说明：malloc 向系统申请分配指定 size 个字节的内存空间。返回类型是 void* 类型。void* 表示未确定类型的指针。C++规定，void* 类型可以强制转换为任何其他类型的指针。

malloc 必须由编程者计算所需要的字节数，并且在返回后强行转换为实际类型的指针。

例如：

```
int* p;
p = (int *) malloc (sizeof (int) ) ;
```

第一，malloc 函数返回的是 void* 类型，如果写成：p = malloc（sizeof（int)），则程序无法通过编译，报错为：“不能将 void*赋值给 int*类型变量”。所以必须通过（int*）来强制转换。

第二，函数的实参为 sizeof (int)，用于指明一个整型数据需要的大小。如果写成：int* p = (int *）malloc（1），代码也能通过编译，但事实上只分配了 1 个字节大小的内存空间，当往里面存入一个整数时，就会有 3 个字节无家可归，而直接“住进邻居家”，造成的结果是后面的内存中原有数据内容全部被清空。

malloc 也可以达到 new [] 的效果，申请出一段连续的内存，方法是指定所需要的内存大小。比如想分配 100 个 int 类型的空间，可使用下面语句。

```
int* p = (int *) malloc (sizeof (int) * 100) ; //分配可以放得下 100 个整数的内存空间
```

另外有一点不能直接看出的区别是，malloc 只管分配内存，并不能对所得到的内存进行初始化，所以得到的一片新内存中，其值将是随机的。

除了分配及最后释放的方法不一样之外，通过 malloc 或 new 得到指针，在其他操作上保持一致。

8.3.4 free 用法

函数声明形式如下。

```
void free (void *block) ;
```

即：void free（指针变量）;

之所以把形参中的指针声明为 void*，是因为 free 必须可以释放任意类型的指针，而任意类型的指针都可以转换为 void *。

举例如下。

```
int* p = (int *) malloc (4) ;
*p = 100;
free (p) ; //释放 p 所指的内存空间
```

或者：

```
int* p = (int *) malloc (sizeof (int) * 100) ; //分配可以放得下 100 个整数的内存空间
......
free (p) ;
```

不管指针指向多大的空间，free 均可以正确地进行释放，这一点比 delete/delete [] 要方便。不过，必须注意，如果在分配指针时，用的是 new 或 new []，那么在释放内存时，就不能使用 free 来释放。反过来，用 malloc 分配的内存，也不能用 delete/delete [] 来释放。一句话，new/delete、new [] /delete []、malloc/free 三对均需配套使用，不可混用。

8.3.5 RGB 介绍

要存储 RGB 8∶8∶8 的彩色图像，即 R、G 和 B 分量都用 8 位二进制数（1 个字节）表示，图像的大小为 640×480 像素，那么所需要的存储容量为 640×480×（1+1+1）= 921 600 字节，即 900KB，其中（1+1+1）表示 RGB 各占一个字节。

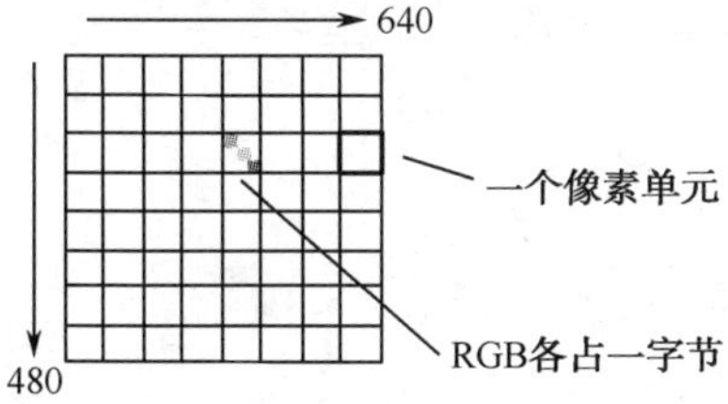

图 8-2　24 位像素与 RGB 的关系

8.3.6　RGB565 转换 RGB888 介绍

24 位的颜色值称为 RGB888，16 位的颜色值称为 RGB565，对于 RGB888 转换为 RGB565 的具体方法是：对于 R 字节，右移 3 位；对于 G 字节，右移 2 位；对于 B 字节，右移 3 位；然后将右移得到的值拼接起来，就得到了 16 位的 RGB565。24 位像素图像与 RGB 字节之间的关系如图 8-2 所示。

8.4　任务实现

本功能模块的主要内容是：运用 S3C2440 的 CMOS 摄像头接口，通过对 Camera 发送指令采集图片，以指定的格式大小保存在指定文件夹下，并利用 WiFi 无线传输到远程宿主机上，实现远程监控。通过 S3C2440 的 CMOS 摄像头接口控制 OV9650 摄像头采集图像，因为摄像头采集到的是 16bit 的 RGB 流和 libJPEG 库提供的压缩程序将其压缩并保存成 jpg 文件，可是该库只能压缩 24 位的，于是先将 RGB565 转换成 RGB24 再调用该库的压缩函数压缩成所需的 jpg 图片，最后保存成网页格式，实现远程访问。图像采集模块系统框图如图 8-3 所示。

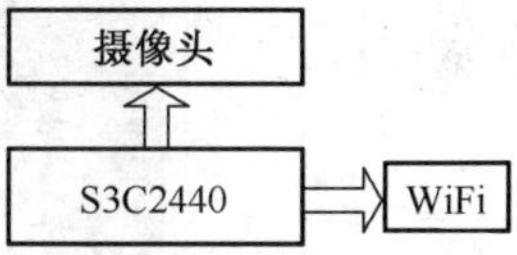

图 8-3　图像采集模块系统框图

图像采集模块引脚说明见表 8-1。

表 8-1　图像采集模块引脚说明

摄像头接口（CON20）					
引　脚	网络名称	可复用为	引　脚	网络名称	可复用为
1	I2CSDA	GPE15	2	I2CSCL	GPE14
3	EINT20	GPG12	4	CAMRST	GPJ12
5	CAMCLK	GPJ11	6	CAM_HREF	GPJ10
7	CAM_VSYNC	GPG9	8	CAM_PCLK	GPJ8
9	CAMDATA7	GPJ7	10	CAMDATA6	GPJ6
11	CAMDATA5	GPJ5	12	CAMDATA4	GPJ4
13	CAMDATA3	GPJ3	14	CAMDATA2	GPJ2
15	CAMDATA1	GPJ1	16	CAMDATA0	GPJ0
17	VDD33V	3.3V 电源	18	VDD_CAM	VDD_CAM
19	VDD18V	1.8V 电源	20	GND	地

8.4.1 无线环境配置

配置步骤如下。

（1）终端配置。

```
ifconfig eth0 down                       关闭eth0
iwconfig wlan0 mode ad-hoc               加载点对点模式
iwconfig wlan0 essid "test"              无线ESSID名
ifconfig wlan0 192.168.11.11             无线IP地址
iwlist scanning | grep ESSID             查看ESSID名
```

终端配置如图8-4所示。

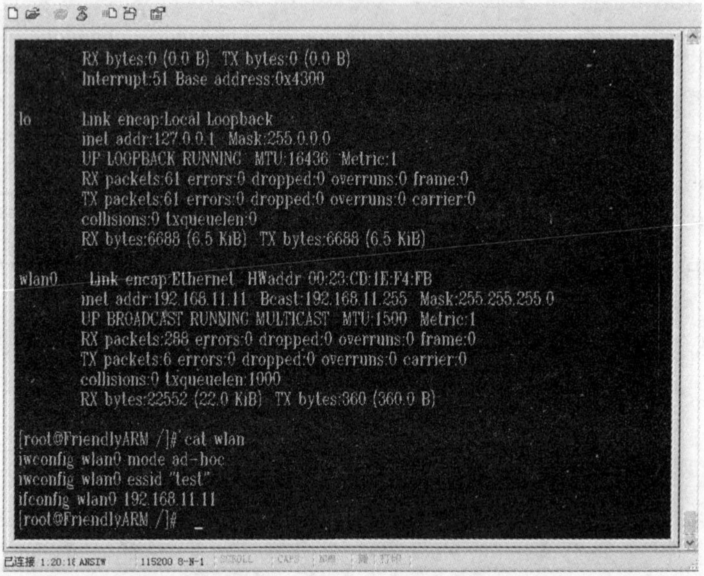

图 8-4 终端配置图

（2）宿主机搜索点对点无线网卡。

① 安装无线网卡驱动；

② 配置 IP 地址，如图8-5所示；注意：与开发板同一网段。

③ 关闭防火墙，保证通信不会受到阻碍，如图8-6所示；

④ 关闭其他网络连接，确保通信畅通，如图8-7所示；

⑤ 搜索无线网卡并联连接，如图8-8所示；

（3）测试连接。此处假设开发板上的IP为192.168.11.100，宿主机上的IP为192.168.11.11。

超级终端：

```
ping 192.168.11.100
```

宿主机端：

```
ping 192.168.11.11
```

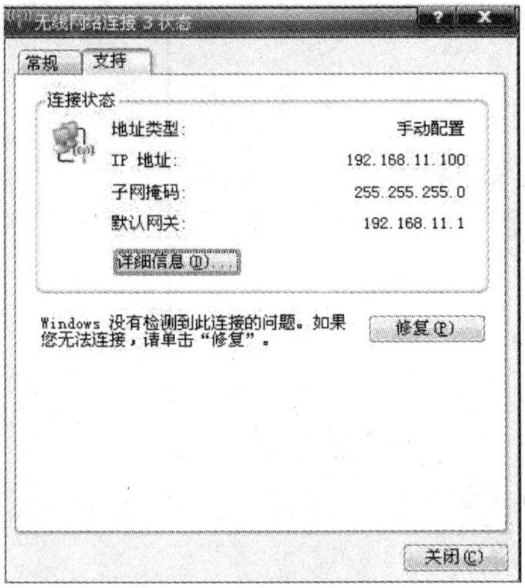

图 8-5　设置 IP 地址

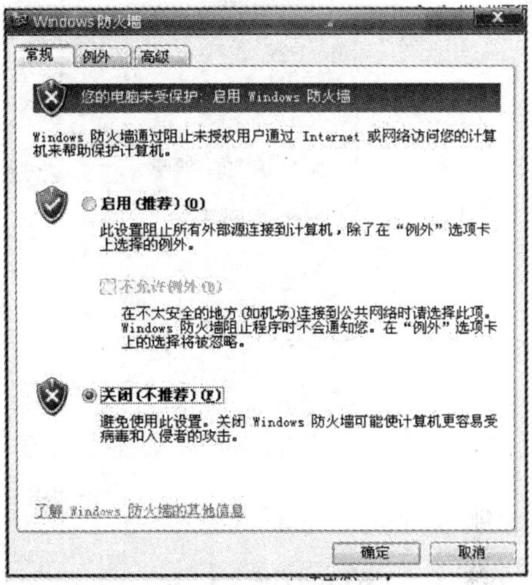

图 8-6　关闭防火墙

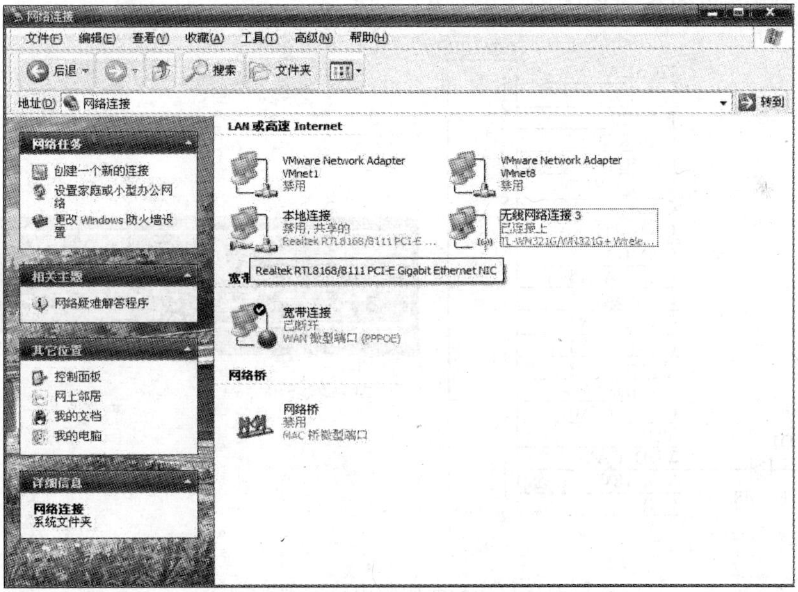

图 8-7　关闭其他网络连接

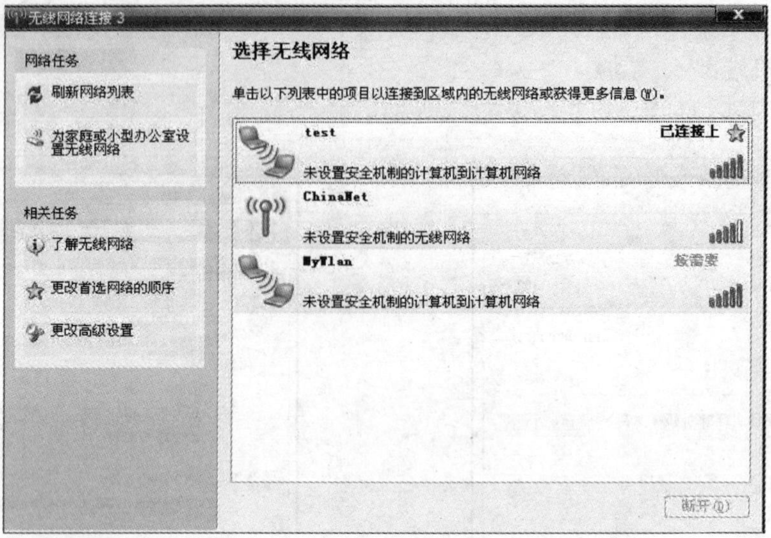

图 8-8　搜索无线网卡并联连接

8.4.2　硬件电路设计

Camera 引脚电路图及实物图如图8-9 所示。

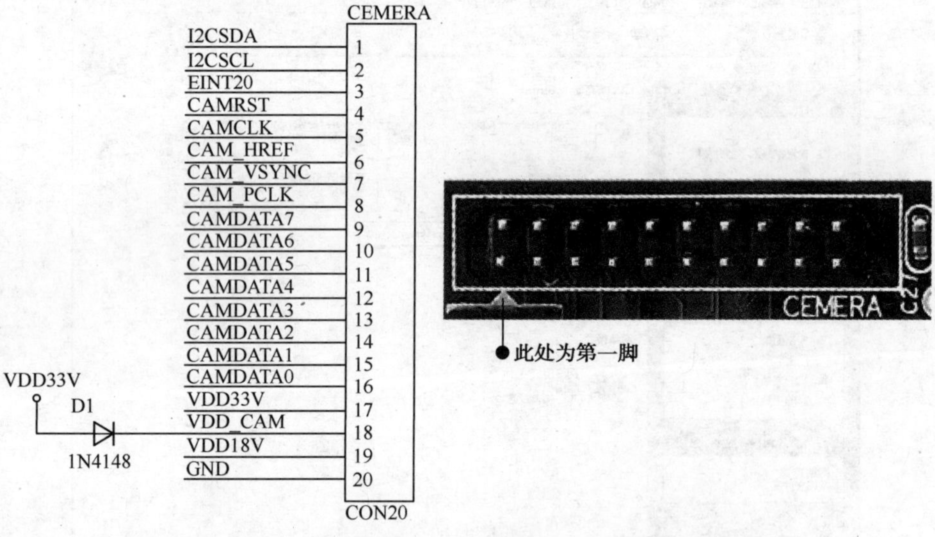

图 8-9　Camera 引脚电路图及实物图

探月智能小车在行进过程中进行图片采集，控制板通过摄像头接口控制 OV9650 摄像头进行图像数据的采集和传输。OV9650 摄像头将成像的物体按一定的排列方式“分解”了一个一个的像素点，这些像素点以模拟图像信号的形式传送到“模/数转换器”上，转换成数字信号，存储并传送到处理器上，处理成真正的图像，之后压缩存储到存储介质中。图片采集模块电路图如图 8-10 所示。

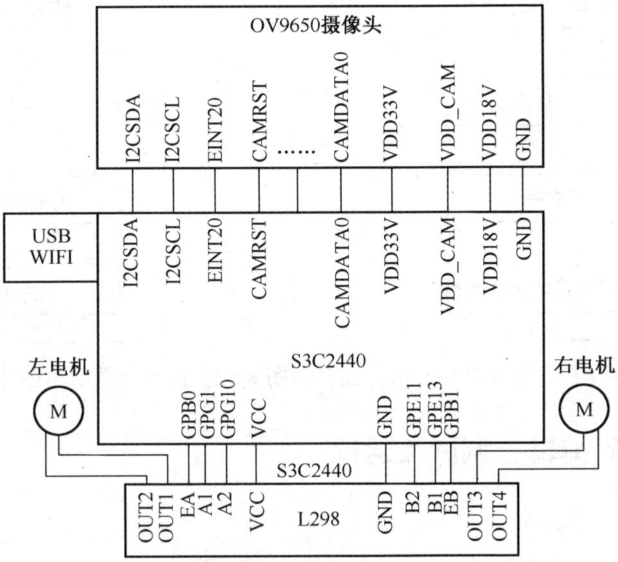

图 8-10　图片采集模块电路图

8.4.3　程序设计

本功能模块完成的第一个任务是探月智能小车图片采集并保存。首先对输入/输出设备接口定义，然后打开 camera 设备文件，在 main（）程序中调用拍照函数进行拍照。由于摄像头采集到的是 16bit 的 RGB 流，libjpeg 库提供的压缩程序将其压缩并保存成 jpg 文件，可是该库只能压缩 24 位的，于是先将 RGB565 格式转换成 RGB24 格式，再调用该库的压缩函数，图片格式及大小转换后，最后将图片保存到/root/nfs 目录下，实现探月智能小车图片采集并保存的任务。探月智能小车图片采集并保存的流程图如图8-11 所示。

本功能模块完成的第二个任务是探月智能小车图片采集并传输。通过 WiFi 将/root/nfs 目录下的图片传送到远端监控机上，在远端的监控机上刷新共享目录可以看到探月智能小车采集的图片照片，实现探月智能小车图片采集并传输的任务。探月智能小车图片采集并传输流程图如图8-12 所示。

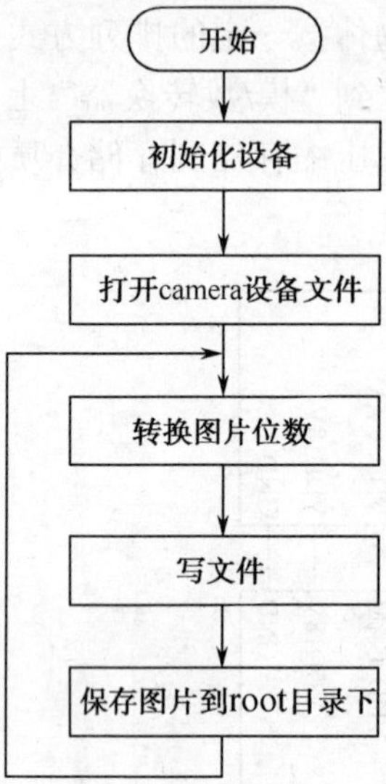

图 8-11　探月智能小车图片采集并保存流程图

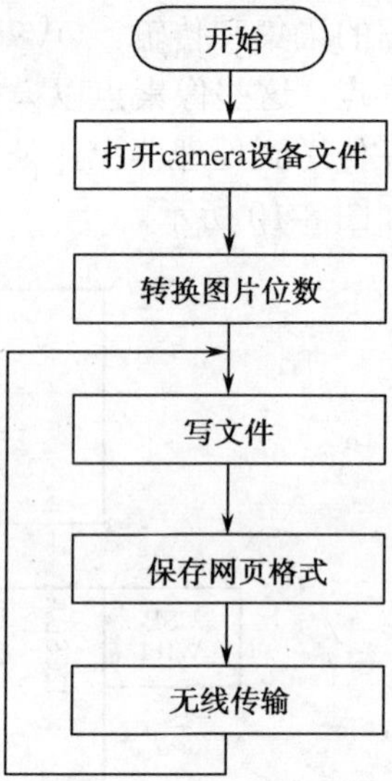

图 8-12　探月智能小车图片采集并传输流程图

8.4.4　程序代码编辑、调试及运行

任务 1　Camera 照相

```
/*==============================================================
程序名：Camera1.c
功能： 拍摄照片
==============================================================*/
#include<stdio.h>
#include<stdlib.h>
#include<unistd.h>
#include<fcntl.h>
#include<jpeglib.h>
#include<string.h>
#define Camdev "/dev/camera"
#define width 640
#define height 512
#define Bpp 16
 char Color[20];
  float result=0;
extern int img_cn;
//函数声明
```

```
    void Capture_Image(char *filename);
    void write_JPEG_file (char * filename, unsigned char *img_Buf, int quality,
int img_width, int img_height);
    void rgb5652rgb888(unsigned char *image,unsigned char *image888, int
img_width, int img_height);
    //图片转换函数
    void rgb5652rgb888(unsigned char *image,unsigned char *image888, int
img_width, int img_height)
    {
      unsigned char R,G,B;
      int y,x;

      for (y=0;y<img_height;y++)
        for (x=0;x<img_width;x++)
        {
        B = (*image) & 0x1F;   //000BBBBB
        G = (*(image +1 )<<3 & 0x38 ) | (*(image)>>5 );//得到00GGGGGG00
        R = *(image +1 ) >> 3; //得到000RRRRR
           *image888 = R* 255/63; // 5 bits to 8 bits把5bits映射到8bits去
           *(image888+1) = G * 255 / 127;
           *(image888+2) = B * 255 / 63;
        image+=2;
        image888+=3;
        }
    }

    void write_JPEG_file (char * filename, unsigned char *img_Buf, int quality,
int img_width, int img_height)
    {
        struct jpeg_compress_struct cinfo;
        struct jpeg_error_mgr jerr;
        /* More stuff */
        FILE * outfile;     /* target file *///目标文件
        JSAMPROW row_pointer[1];   /* pointer to JSAMPLE row[s] */
        int row_stride;     /* physical row width in image buffer */

        cinfo.err = jpeg_std_error(&jerr);
        /* Now we can initialize the JPEG compression object. */
        jpeg_create_compress(&cinfo);

        if ((outfile = fopen(filename, "wb")) == NULL)// filename 为/root/
nfs/Img1.jpg
```

```
            {
                fprintf(stderr, "can't open %s\n", filename);
                exit(1);
            }

        jpeg_stdio_dest(&cinfo, outfile);
        cinfo.image_width = img_width;   /* image width and height, in pixels */
        cinfo.image_height = img_height;
        cinfo.input_components = 3;      /* # of color components per pixel */
        cinfo.in_color_space = JCS_RGB;/* colorspace of input image */
        jpeg_set_defaults(&cinfo);
        jpeg_set_quality(&cinfo, quality,TRUE); /* limit to baseline-JPEG
values */

        jpeg_start_compress(&cinfo, TRUE);

        row_stride = img_width * 3;/* JSAMPLEs per row in image_buffer */

        while (cinfo.next_scanline < cinfo.image_height)
            {
            row_pointer[0] = &img_Buf[cinfo.next_scanline * row_stride];
            (void) jpeg_write_scanlines(&cinfo, row_pointer, 1);
            }

        /* Step 6: Finish compression */

        jpeg_finish_compress(&cinfo);
        /* After finish_compress, we can close the output file. */
        fclose(outfile);

        jpeg_destroy_compress(&cinfo);

        /* And we're done! */
    }

    #define RED 0
    #define GREEN 1
    #define BLUE 2
    #define IMG_SIZE width*height*3  //640*512*3
    //颜色函数
    char* Get_Color(char *Buf24)
    {
      int i;
      long Rt, Bt, Gt;
      char R,G,B;
```

```
    int Rmax,Bmax,Gmax;
    Rt =0;
    Gt=0;
    Bt=0;
    Rmax =0;
    Bmax = 0;
    Gmax =0;
     for (i=0; i<IMG_SIZE; i+=3)
    {
      R = Buf24[i];
      G = Buf24[i+1];
      B =  Buf24[i+2];
      Rt+=R;
      Bt+=B;
      Gt+=G;
    }
    //printf("Rt:%ld,  Gt: %ld,  Bt: %ld.\n",Rt, Gt, Bt);
    if ( (Rt>Bt) && (Rt>Gt)) return "RED";
    if ( (Bt>Rt) && (Bt>Gt)) return "BLUE";
    if ( (Gt>Bt) && (Gt>Rt)) return "GREEN";
}
//拍照函数
void Capture_Image(char *filename)
{
   int Size, count, i;
   int fb;
   unsigned char *Buf, *Buf24, tmp;
   long int Red;
   unsigned char R,G,B;
   int tt;
   fb = open(Camdev,O_RDWR);                      //打开 camera 设备文件
   if (fb < 0 )
   {
     printf("Erro:cannot open Camdev! \n");  //打开失败
   }
   Size = width*height*2;                         //640*512*2
   Buf = malloc(Size);                            //分配内存 16 位
   Buf24 = malloc(width*height*3);                //分配内存 24 位
```

```
    for (i=0;i<6;i++)
      read(fb,&tmp,0);
    count = read(fb,Buf,Size);                    //size 赋值给 count
    if (count != Size )
      printf("Read Image Erro! \n");
    rgb5652rgb888(Buf,Buf24,width,height);     //转换图片函数
    write_JPEG_file (filename, Buf24,80, width,height);//保存图片 filename
为/root/nfs/Img1.jpg
    sprintf(Color,Get_Color(Buf24));
    //printf("Color is %s \n", Color);
    //delay(3000);
    free(Buf);                                    //释放 16 位 Buf
    free(Buf24);                                  //释放 24 位 Buf
    close(fb);                                    //关闭设备
  }
  //主函数
  main()
  {
    int imgN=0;
    while(1)
    {
      Capture_Image("/root/nfs/Img1.jpg");     //拍照并保存
      printf("Now Take a Image!\n");
      sleep(3);
    }
  }
```

任务 2　无线传输照片

```
  /*=============================================================
  程序名：Camera2.c
  功能： 传输照相
  =============================================================*/
  #include <stdio.h>
  #include <stdlib.h>
  #include <unistd.h>
  #include <fcntl.h>
  #include <jpeglib.h>
  #include <string.h>
  #define Camdev "/dev/camera"
  #define width 640
```

```
    #define height 512
    #define Bpp 16
     char Color[20];
      float result=0;
    extern int img_cn;
    void Capture_Image(char *filename);
    void write_JPEG_file (char * filename, unsigned char *img_Buf, int quality,
int img_width, int img_height);
    void rgb5652rgb888(unsigned char *image,unsigned char *image888, int
img_width, int img_height);
    //图片转换 565 to 888
    void rgb5652rgb888(unsigned char *image,unsigned char *image888, int
img_width, int img_height)
    {
      unsigned char R,G,B;
      int y,x;
      for (y=0;y<img_height;y++)
        for (x=0;x<img_width;x++)
        {
        B = (*image) & 0x1F;
        G = (*(image +1 )<<3 & 0x38 ) |  (*(image) >>5 );
        R = *(image +1 ) >> 3;
            *image888 = R* 255 / 63;  // 5 bits to 8 bits
            *(image888+1) = G * 255 / 127;
            *(image888+2) = B * 255 / 63;
        image+=2;
        image888+=3;
        }
    }
    //写图片函数
    void write_JPEG_file (char * filename, unsigned char *img_Buf, int quality,
int img_width, int img_height)
    {
        struct jpeg_compress_struct cinfo;
        struct jpeg_error_mgr jerr;
        /* More stuff */
        FILE * outfile;     /* target file */
        JSAMPROW row_pointer[1];    /* pointer to JSAMPLE row[s] */
```

```
    int row_stride;     /* physical row width in image buffer */

    cinfo.err = jpeg_std_error(&jerr);
    /* Now we can initialize the JPEG compression object. */
    jpeg_create_compress(&cinfo);

    if ((outfile = fopen(filename, "wb")) == NULL)
        {
        fprintf(stderr, "can't open %s\n", filename);
        exit(1);
    }

    jpeg_stdio_dest(&cinfo, outfile);

    cinfo.image_width = img_width;   /* image width and height, in pixels */
    cinfo.image_height = img_height;
    cinfo.input_components = 3;     /* # of color components per pixel */
    cinfo.in_color_space = JCS_RGB;     /* colorspace of input image */
    jpeg_set_defaults(&cinfo);
    jpeg_set_quality(&cinfo, quality,TRUE);  /* limit to baseline-JPEG
values */
    jpeg_start_compress(&cinfo, TRUE);
    row_stride = img_width * 3;/* JSAMPLEs per row in image_buffer */
    while (cinfo.next_scanline < cinfo.image_height)
        {
        row_pointer[0] = &img_Buf[cinfo.next_scanline * row_stride];
        (void) jpeg_write_scanlines(&cinfo, row_pointer, 1);
    }

    /* Step 6: Finish compression */

    jpeg_finish_compress(&cinfo);
    /* After finish_compress, we can close the output file. */
    fclose(outfile);
    jpeg_destroy_compress(&cinfo);

    /* And we're done! */
}

#define RED 0
#define GREEN 1
#define BLUE 2
#define IMG_SIZE width*height*3  //640*512*3

char* Get_Color(char *Buf24)
{
```

```
  int i;
  long Rt, Bt, Gt;
  char R,G,B;
  int Rmax,Bmax,Gmax;
  Rt =0;
  Gt=0;
  Bt=0;
  Rmax =0;
  Bmax = 0;
  Gmax =0;
   for (i=0; i<IMG_SIZE; i+=3)
  {
    R = Buf24[i];
    G = Buf24[i+1];
    B =  Buf24[i+2];
    Rt+=R;
    Bt+=B;
    Gt+=G;
  }

  if ( (Rt>Bt) && (Rt>Gt)) return "RED";

  if ( (Bt>Rt) && (Bt>Gt)) return "BLUE";

  if ( (Gt>Bt) && (Gt>Rt)) return "GREEN";

}
//拍照函数
void Capture_Image(char *filename)
{
  int Size, count, i;
  int fb;
  unsigned char *Buf, *Buf24, tmp;
  long int Red;
  unsigned char R,G,B;
  int tt;

  fb = open(Camdev,O_RDWR);
  if (fb < 0 )
  {
    printf("Erro:cannot open Camdev! \n");
  }

  Size = width*height*2;
  Buf = malloc(Size);                              //分配16位内存
  Buf24 = malloc(width*height*3);                  //分配24位内存

  for (i=0;i<6;i++)
```

```
        read(fb,&tmp,0);

      count = read(fb,Buf,Size);

      if (count != Size )
        printf("Read Image Erro! \n");

      rgb5652rgb888(Buf,Buf24,width,height);   //调用图片转换函数
      write_JPEG_file (filename, Buf24,80, width,height);

      sprintf(Color,Get_Color(Buf24));          //上色函数

      free(Buf);                                //释放 16 位 Buf
      free(Buf24);                              //释放 24 位 Buf
      close(fb);                                //关闭设备文件

    }
    //
    void SaveHtml(int count)
    {
      int h_fd;
      char str[60];
      int i;
      int len;
      char *string[10];

      h_fd = open("/www/index.html", O_WRONLY | O_CREAT | O_TRUNC);

      sprintf(str,"<html> <body> <meta http-equiv=\"refresh\" content=\"3\"> ");
      write(h_fd,str, strlen(str));
      sprintf(str,"<div align=\"center\"> <img src=\"img%ld.jpg\" /> </div>
\n",count - 1);
      write(h_fd,str, strlen(str));

      for (i=0; i<count; i++)  {
        sprintf(str, "<div align=\"center\"><a href=\"img%ld.jpg\"> Image%ld
</a></div>\n", i,i);
        len = strlen(str);
        write(h_fd,str, len);

      }
      sprintf(str,"</body> </html>\n");
      write(h_fd,str,strlen(str));
      close(h_fd);

    }
    main()
    {
      int imgN=0;
      while(1)
      {
```

```
        Capture_Image("/www/img0.jpg");
        SaveHtml(1);
        printf("Now Take a Image!\n");
        sleep(1);
      }
    }
```

远程终端打开的传输图片如图8-13 所示。

图 8-13　远程终端打开的传输图片

8.4.5　用 arm_linux 交叉编译程序

首先进入测试程序源代码目录：

```
#cd /tftpboot/lesson_1/
```

然后，使用命令行进行手工交叉编译示例程序：

```
#arm-linux-gcc -o camera1 camera1.c
```

或者借助编译脚本进行编译：

```
#make
```

最后将生成 camera1/camera2 可执行文件，使用 file 命令可以检查生成的 camera1 可执行文件是否为 ARM 体系和格式版本，是否是能在开发板上正常运行的可执行文件。

```
[root@ lesson_1]#file camera1
distance1:ELF 32-bit LSB executable,ARM,version1 (SYSV) ,dynamically
linked (uses shared libs) ,for GUN/Linux2.6.14,not stripped
```

8.4.6 烧写可执行文件

将编译好的可执行文件下载到目标板，采用 NFS 烧写的方法。

如前所述，先搭建好超级终端和 NFS 服务器，然后在命令行输入以下命令（假定服务器的 IP 地址为 192.168.1.123）。

```
#mount -o nolock 192.168.1.123:/home  /mnt
```

挂接成功，就可以进入/mnt 目录进行操作了，在 PC Linux 终端把 camera2 放到/home 目录，然后在开发板的串口终端执行：

```
#cd /mnt
#./camera2
```

在超级终端上运行 camera2，可在相应的文件夹下看到拍摄的照片。

将 camera2 写入开机运行程序脚本中，使其在开机时自动运行。

用 vi 编辑器打开开机运行脚本/etc/rSc：

```
#vi /etc/rSc
```

在脚本末尾写入：

```
/mnt/camera2
```

开机运行可执行文件，可在远程端查看到拍摄的照片。

8.5 考核评价

任务 1 图片格式转换

要求：掌握 camera 的基本控制，掌握图片编码格式、图片的基本内容和图片转换函数，能用专业语言正确流利地展示项目成果，思路清晰、有条理，能圆满回答老师与同学提出的问题；项目总结报告格式符合标准、内容完整，有详细过程记录和分析，并能提出一些新的建议。

任务 2 图片采集并保存

要求：掌握图片转换函数的方法，会图片保存路径设置，能用专业语言正确流利地展示项目成果，思路清晰、有条理，能圆满回答老师与同学提出的问题；项目总结报告格式符合标准、内容完整，有详细过程记录和分析，并能提出一些新的建议。

8.6 拓展提高

任务 无线数据传输图片

要求：掌握 FTP 传输协议及无线环境的配置，能用专业语言正确流利地展示项目成果，思路清晰、有条理，能圆满回答老师与同学提出的问题；项目总结报告格式符合标准、内容完整，有详细过程记录和分析，并能提出一些新的建议。

项目 9　探月小车自主漫游设计

9.1　项目描述

主要内容是：整合各项目中的内容使探月智能小车能自主漫游，并且探月智能小车在巡航过程中有循迹功能、红外避障功能、超声波测距功能、温度采集功能、图像采集功能和图像传输功能。在没有遇到障碍物之前按循迹功能在标记路线上巡航，在循迹过程中遇到障碍物体时能通过红外传感器探测到障碍物的具体方位并通过超声波传感器测量出离障碍物的距离，同时根据测得的距离进行避障决策，通过 DS-18B20 采集当前环境的温度，判断温度是否在承受范围之内，通过 camera 拍摄障碍物照片并保存到指定文件夹下，同时也可通过 WiFi 将拍摄的照片传送到远程控制台，实现探月智能小车自主漫游、自主判断选择适合的漫游路径和躲避策略。探月小车实物图如图 9.1 所示。

图 9-1　探月小车实物图

探月小车的功能如下。

①“探月小车”系统主要是让小车自主地完成模拟“月球环境”的行走。在循迹过程中，可以探测出前方的标志物，并且能够避开障碍物，沿标记路线行走。

② 具有摄像头模块，通过对标志物的图像采集，将采集的数据以数字信号方式通过无线通信网络发送到上位机的控制台。

③ 在循迹过程中，可以测量出不同环境的温度。

④ 控制台上通过无线通信网络接收小车发送过来的图像数据。

⑤ 具有图像识别功能，能够辨别各种图像并在液晶屏上显示。

⑥ 远程控制“探月小车”，通过按键方式利用无线通信控制小车的基本动作。

9.2　教学目标

通过学习与实践，掌握如下知识和技能。

① 掌握直流电机的基本工作原理和控制方法；

② 掌握灰度传感器的基本工作原理和控制方法；
③ 掌握红外开关传感器的基本工作原理和控制方法；
④ 掌握超声波传感器的基本工作原理和控制方法；
⑤ 掌握温度传感器的基本工作原理和控制方法；
⑥ 掌握摄像头的基本工作原理和控制方法；
⑦ 掌握多传感器共同控制方法；
⑧ 掌握如何让小车自主漫游可执行文件在嵌入式系统开机自动运行。

9.3 任务实现

9.3.1 方案设计

通过 S3C2440 的 GPIO 接口控制灰度传感器循迹、红外传感器避障、超声波传感器测距、温度传感器测温、摄像头拍照、WiFi 无线传输到远端监控平台，实现探月小车根据具体环境做出相应决策完成自主漫游任务的功能。系统框图如图9-2 所示。

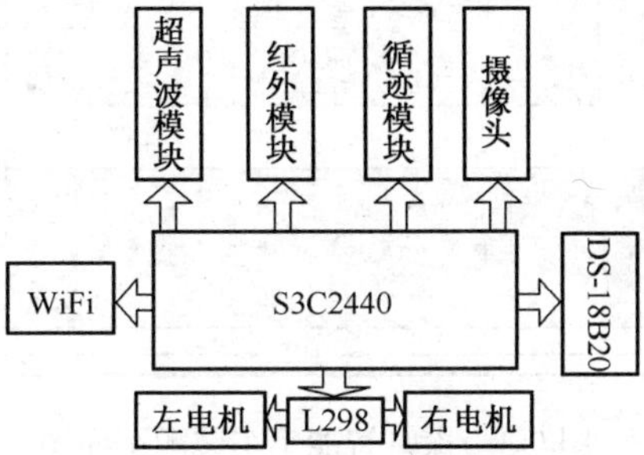

图 9-2　探月小车自主漫游系统框图

9.3.2 硬件电路设计

电机模块用 GPB0、GPB1 引脚来控制电机的使能，用 GPG1、GPG10、GPE11、GPE13 引脚分别连接左电机和右电机的正反转控制，用 TOUT0、TOUT1 引脚控制左右电机频率，用 VCC、GND 引脚连接电源和地。循迹模块用 GPF0、GPF1、GPF2、GPF3、GPF4 引脚来控制 5 个灰度传感器。红外避障模块用 GPF5 和 GPF6 引脚来控制左右红外传感器，超声波测距模块用 GPG9、GPG2 引脚来控制超声波传感器，温度采集模块用 GPH10 引脚来控制 DS-18B20 温度传感器，图片采集模块用摄像头接口（CON20）来控制 OV9650 摄像头。探月智能小车装配平面图如图9-3 所示，探月智能小车电路原理图如图9-4 所示。

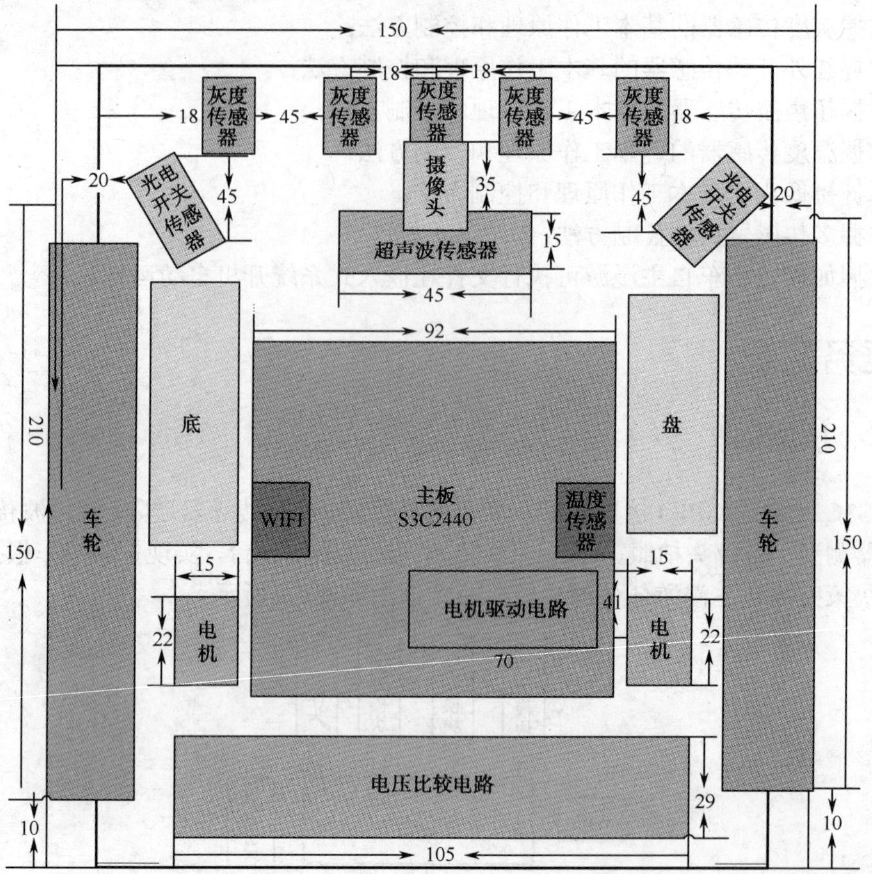

图 9-3　探月智能小车装配平面图

9.3.3　程序设计

探月智能小车主程序流程图如图 9-5 所示。首先对驱动模块初始化，对输入/输出设备接口定义。探月智能小车运行中沿着标志线行走，根据灰度传感器返回值判断是否偏离轨迹，如发生偏离根据判断直行微调，使小车回到标志线上。如果探月智能小车运行中检测到障碍物体，返回障碍物体的具体信息，然后打开 camera 设备文件，对其进行拍照并将图片传送到远端监控机上，根据红外传感器返回的状态判断行进方向，如左转然后再右转来绕过障碍物，或右转然后再左转来绕过障碍物。绕过障碍物体后寻找标志线，使小车回到标志线上继续循迹前进，最终实现探月智能小车自主漫游和自主避障。

探月智能小车循迹流程图如图 9-6 所示。探月智能小车循迹，首先对驱动模块初始化，对输入/输出设备接口定义。探月智能小车运行中沿着标志线行走，根据灰度传感器返回值判断是否偏离轨迹，如发生偏离根据判断直行微调，使小车回到标志线上，最终实现探月智能小车循迹任务。

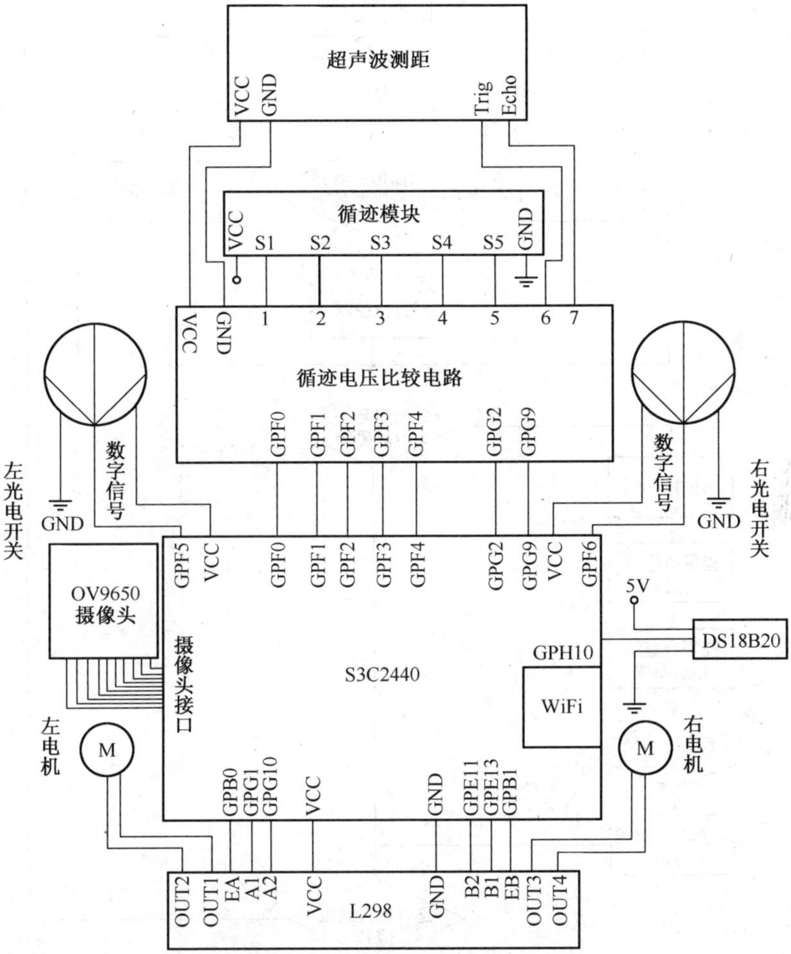

图9-4 探月智能小车电路原理图

探月智能小车避障流程图如图9-7所示。探月智能小车红外避障，首先对驱动模块初始化，对输入/输出设备接口定义。探月智能小车运行中检测是否有障碍物体，判断是根据两个红外传感器返回的状态决定的，检测到障碍物后判断行进方向，如左转然后再右转来绕过障碍物，或右转然后再左转来绕过障碍物，之后寻找标志线行走，最终实现探月智能小车避障任务。

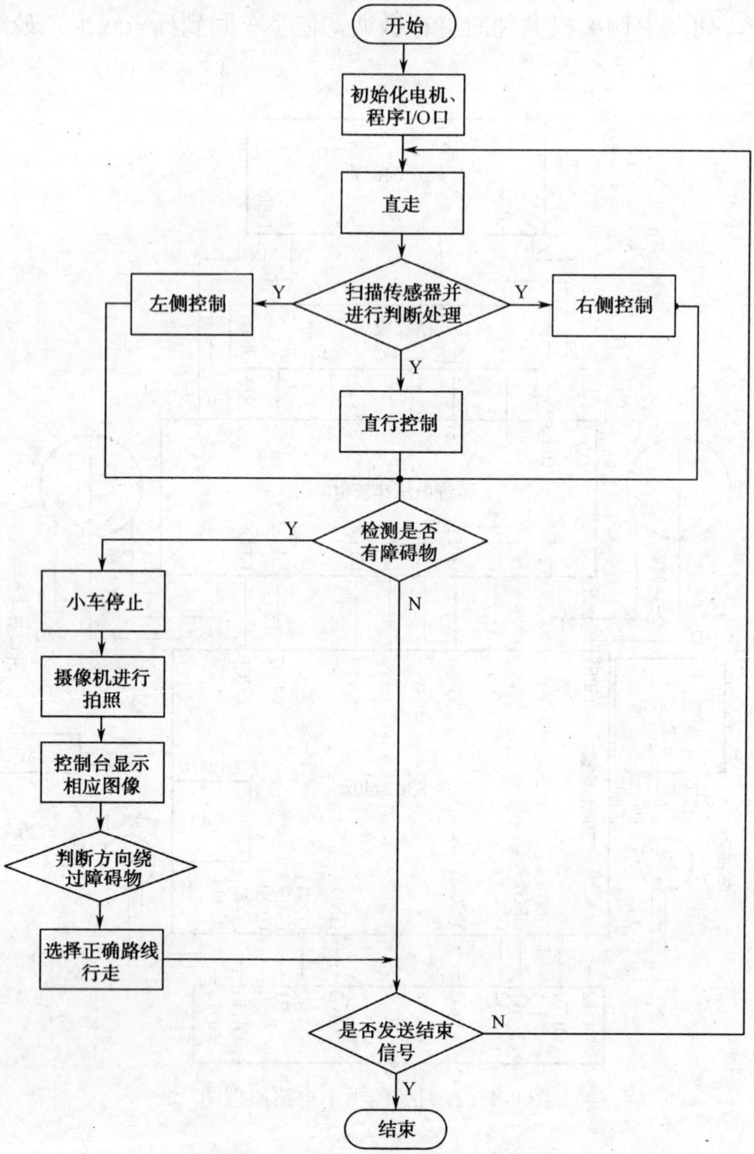

图 9-5　探月智能小车主程序流程图

探月智能小车图片采集并传输流程图如图 9-8 所示。探月智能小车图片采集并传输，首先对输入/输出设备接口定义，然后打开 camera 设备文件。探月智能小车运行中检测是否有障碍物体，如判断有障碍物体则停止小车运动，对障碍物体拍照并将图片传送到远端监控机上。最后检测是否有停止按键命令，如没有则继续运行，否则结束程序，实现探月智能小车图片采集并传输任务。

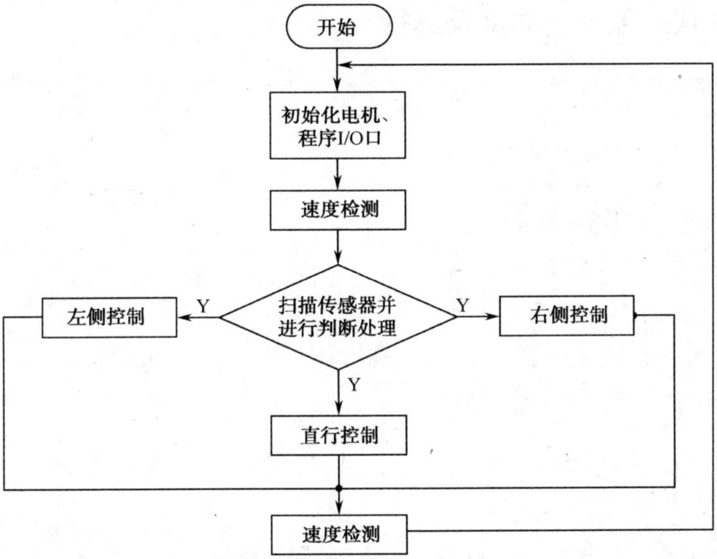

图 9-6　探月智能小车循迹流程图

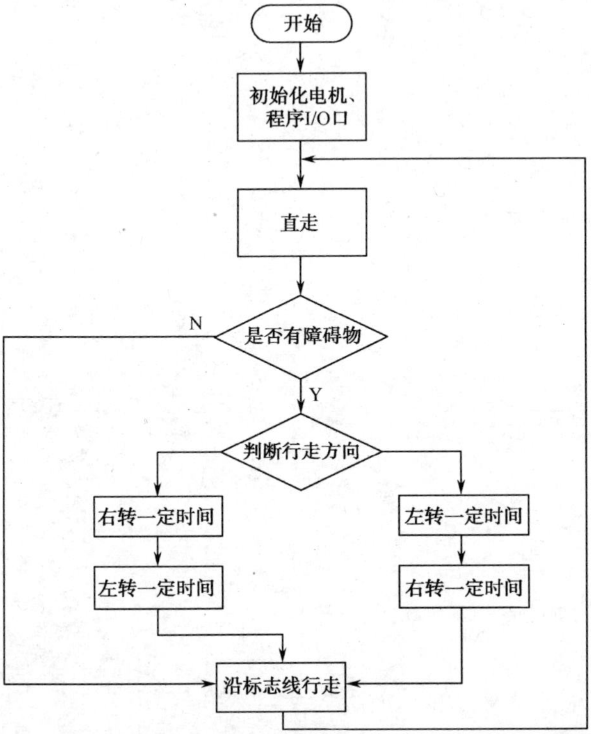

图 9-7　避障流程图

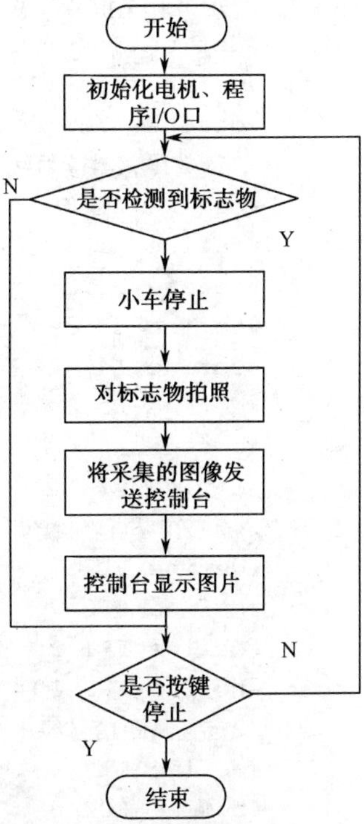

图 9-8　图片采集并传输流程图

9.3.4 程序代码编辑、调试及运行

```
/*=============================================================
程序名：Main.c
功能：  小车自主漫游避障
=============================================================*/
//定义不同情况时的频率参数
#define _turn_back_L1 700
#define _turn_back_L2 700
#define _turn_L1 0
#define _run1 2500
#define _other_turn1 400
#define _run2 2000
#define _other_turn2 520
#define _run3 400
#define _round 200
//1 是白线，0 是黑线
#define WHITE_LINE 1
//定义脉宽信号参数
#define PWM_IOCTL_SET_FREQ  1
#define PWM_IOCTL_STOP  0
#define LCNT 5
//定义传感器信号线
#define L0 0
#define L1 1
#define L2 2
#define L3 3
#define L4 4
#define L5 5
#define L6 6
#define L7 7
//定义电机信号线
#define FL1 1
#define FL2 7
#define FR1 9
#define FR2 10
//定义测距信号线
#define DIS 6
#define LOW 0
//定义停止距离
#define STOPDIS 200
```

```
#define MINDIS 300
#define HIGHT 1
#define HIGHT2 0x18
#define LOW2 0x03
//定义前进、后退、转弯参数
#define FWD 0
#define BCK 1
#define LEFT -1
#define RIGHT 1
#define NOTURN 0
#define BIGLEFT -2
#define BIGRIGHT 2
#define LONGRUN 4
//定义图片标志参数
#define GET_IMG 1
#define NO_IMG 0
#define TURE 1
#define FALSE 0
extern  char result;
char strings[4000];
char start_check_way = FALSE;
int debug_flag = 1;
int OUTIO_fd;
int INIO_fd;
int last_turn=0;
int img_cn=0;
char Flag_END =0;
long len_way=0;
//频率结构体
struct _freqs
{
  int freq1;
  int freq2;
};
struct _freqs myfreqs;
static int PWM_fd = -1;
static void close_buzzer(void);
void openINJO(void);
int car_turn_degree(int x, int direct, int Fg);
//毫秒延时函数
```

```
void delay(int m)
{
  int i,j,k;
  for (i=0;i<m;i++)
    for (j=0;j<34000;j++);

}

//微秒延时函数
void delayus(int m)
{
  int i,j;
  for (i=0;i<m;i++)
    for (j=0;j<34;j++);
}
//打开 PWM 设备函数

static void open_buzzer(void)
{
    PWM_fd = open("/dev/newpwm", 0);
    if (PWM_fd < 0) {
        perror("open pwm_buzzer device");
        exit(1);
    }
    atexit(close_buzzer);
    return;
}
//关闭 PWM 设备函数

static void close_buzzer(void)
{
    if (PWM_fd >= 0) {
        ioctl(PWM_fd, PWM_IOCTL_STOP);
        close(PWM_fd);
        PWM_fd = -1;
    }
}
//设置频率函数

static void set_buzzer_freq(struct _freqs freqs)
{
    int ret = ioctl(PWM_fd, PWM_IOCTL_SET_FREQ, &freqs);
    if(ret < 0) {
```

```
        perror("set the frequency of the buzzer");
        exit(1);
    }
}
//前进函数
void forward()
{
    ioctl(OUTIO_fd,0,FL1);
    ioctl(OUTIO_fd,1,FL2);
    ioctl(OUTIO_fd,0,FR1);
    ioctl(OUTIO_fd,1,FR2);
}
//后退函数
void back()
{
    ioctl(OUTIO_fd,1,FL1);
    ioctl(OUTIO_fd,0,FL2);
    ioctl(OUTIO_fd,1,FR1);
    ioctl(OUTIO_fd,0,FR2);
}
//左转函数
void turn_big_left()
{
    ioctl(OUTIO_fd,1,FL1);
    ioctl(OUTIO_fd,0,FL2);
    ioctl(OUTIO_fd,0,FR1);
    ioctl(OUTIO_fd,1,FR2);
}
//右转函数
void turn_big_right()
{
    ioctl(OUTIO_fd,0,FL1);
    ioctl(OUTIO_fd,1,FL2);
    ioctl(OUTIO_fd,1,FR1);
    ioctl(OUTIO_fd,0,FR2);
}
//停止 PWM 函数
static void stop_buzzer(void)
```

```
{
    int ret = ioctl(PWM_fd, PWM_IOCTL_STOP);
    if(ret < 0) {
        perror("stop the buzzer");
        exit(1);
    }
}
//打开输出设备函数
void openOUTIO(void)
{
    OUTIO_fd = open("/dev/OUTIO", 0);
    if (OUTIO_fd < 0) {
        perror("open device OUTIO");
        exit(1);
    }
}
//打开输入设备函数
void openINIO(void)
{
    INIO_fd = open("/dev/INIO", 0);
    if (INIO_fd < 0) {
        perror("open device INIO");
        exit(1);
    }
}
//循迹过程中转动方向的确定函数
int check_which_turn( unsigned char flag )
{
  static int last_big_right=100, last_big_left=100;
  if ( last_turn == BIGLEFT ) {last_big_left=1;}
  else last_big_left++;
  if ( last_turn == BIGRIGHT ) {last_big_right=1;}
  else last_big_right++;
  if ( (flag & (1<<L2)) )  return NOTURN;
  if ( flag == (1<<L3) )  return RIGHT;
  if ( flag == (1<<L1) )  return LEFT;
  if (debug_flag)
```

```
  printf(" Flags: %d\n", flag);
  if ( flag & (1<<L4)  )
  return BIGRIGHT;
  if ( flag & (1<<L0)  )
  return BIGLEFT;
  if ( flag == ((1<<L1) | (1<<L2)) ) return LEFT;
  if ( flag == ((1<<L2) | (1<<L3)) ) return RIGHT;
  if ((flag == 0 )  && ((last_turn==BIGLEFT) | (last_turn==BIGRIGHT) ) )
  return last_turn;
  return NOTURN;
}
//循迹过程中调用的转向函数
void turn(int turn_flag)
{
  long int cn=0;
  if (turn_flag == BIGLEFT)
  {
    printf("BIGLEFT\n");
    turn_big_left();
    delay(10);
    myfreqs.freq1 = 400;     //LEFT, BCK     //10 old
    myfreqs.freq2 = 400;     //RIGHT, FWD    //10 old
    set_buzzer_freq(myfreqs);
    delay(5);                //10 old
  }
  else
  if (turn_flag == BIGRIGHT )
  {
    printf("BIGRIGHT\n");
    turn_big_right();
    delay(10);
    myfreqs.freq1 = 400;     //LEFT, FWD     //10 old
    myfreqs.freq2 = 400;     //RIGHT, BCK    //10 old
    set_buzzer_freq(myfreqs);
    delay(5);                //10 old
```

```
}
else
if (turn_flag == LEFT)
{
  printf("LEFT\n");

  forward();
  myfreqs.freq1 = 0;       //LEFT, F1
  myfreqs.freq2 = 1;       //RIGHT, F2
  set_buzzer_freq(myfreqs);
  delay(10);               //10

}
else
if (turn_flag == RIGHT)
{
  printf("RIGHT\n");

  forward();
  myfreqs.freq1 = 1;       //LEFT F1
  myfreqs.freq2 = 0;       //RIGHT F2
  set_buzzer_freq(myfreqs);
  delay(10);
}
else
if ( turn_flag == LONGRUN)
{
  printf("turn LOMGRUN\n");
  forward();
  myfreqs.freq1 = 1;       //10
  myfreqs.freq2 = 1;
  set_buzzer_freq(myfreqs);
  delay(100);              //here
  len_way+=10;
  printf("len_way=%d\n",len_way);
}
else

{
  printf("NOTURN \n");

  forward();
  myfreqs.freq1 = 1;       //10
```

```
    myfreqs.freq2 = 1;
    set_buzzer_freq(myfreqs);
    delay(10);
    len_way++;
    printf("len_way=%d\n",len_way);
  }
    last_turn = turn_flag;
}
unsigned check_flag(unsigned char flag)
{
  if (  WHITE_LINE  )
  return( ( ~flag ) & 0x1F );
  else
  return flag;
}
unsigned char tohex(unsigned char *IN)
{
  int i;
  unsigned char result;
  result = 0;
  for (i = 0 ; i < 5; i++)
   {
     if ( IN[i] == '1')
     {
       result |= (1<<i);
     }
   }
  result = check_flag(result);
  return result;
}
//将温度和图片信息保存成网页格式，以供访问
void SaveHtml(int count)
{
  int h_fd;
  char str[60];
  int i;
  int len;
  int TC;
  char *string[10];
```

```
    int dis;

    TC=get_Tc();
    dis=get_dis();

    h_fd = open("/www/index.html", O_WRONLY | O_CREAT | O_TRUNC);

    sprintf(str,"<html> <body> <meta http-equiv=\"refresh\" content=\"5\"> ");
    write(h_fd,str, strlen(str));
    sprintf(str,"<div align=\"center\"> <img src=\"img%ld.jpg\" /> </div>
\n",count - 1);

    write(h_fd,str, strlen(str));

    sprintf(str,"Len%ld is %ld mm   TC=%d ,sanjianxing color is %s ",count
-1, dis,TC,Color);
    strcat(strings,str);
    write(h_fd,strings,strlen(strings));

    for (i=0; i<count; i++)
    {

      sprintf(str, "<div align=\"center\"><a href=\"img%ld.jpg\"> Image%ld
</a></div>\n", i,i);
      len = strlen(str);
      write(h_fd,str, len);
      //printf("%d \n %s\n", strlen(str),str);
    }
    sprintf(str,"</body> </html>\n");
    write(h_fd,str,strlen(str));
    close(h_fd);

  }

  //小车前进
  int car_run(int x,  int Fg)
  {
    int i;
    unsigned char Flag;
    char current_INIO[9];
    int dis;

    forward();

    myfreqs.freq1 = 1000;
    myfreqs.freq2 = 1000;
```

```
  set_buzzer_freq(myfreqs);
  for (i=0; i<x; i++)
  {
     delay(1);
    read(INIO_fd, current_INIO, sizeof current_INIO);
    Flag = tohex(current_INIO);
    if (  (Fg==1) && (( Flag & 0x3 ) > 0) )
    {
      return 1;
    }
  }
     return 0;
}
//小车后退
int car_back(int x, int Fg)
{
  int i;
  unsigned char Flag;
  char current_INIO[9];
  back();
  myfreqs.freq1 = 800;
  myfreqs.freq2 = 800;
  set_buzzer_freq(myfreqs);
  for (i=0; i<x; i++)
  {
    delay(1);
    read(INIO_fd, current_INIO, sizeof current_INIO);
    Flag = tohex(current_INIO);
    if (  (Fg==1) && (( Flag & 0x4 ) > 0) )
    {
      stop_buzzer();
      delay(10);
      return 1;
    }
  }
  stop_buzzer();
  delay(500);
  return 0;
}
//小车转固定角度
```

```
int car_turn_degree(int x, int direct, int Fg)
{
  int i;
  unsigned char Flag;
  char current_INIO[9];
  if ( direct == LEFT)
  {
    printf("turn left\n");
    turn_big_left();
    delay(200);
    myfreqs.freq1 = 400;  //0——old
    myfreqs.freq2 = 400;
    set_buzzer_freq(myfreqs);
    for (i=0 ; i<x; i++)
      {
       read(INIO_fd, current_INIO, sizeof current_INIO);
       Flag = tohex(current_INIO);
       if ( (Fg==1) && ( Flag & 0x4 ) > 0 )
        {
          stop_buzzer();
          delay(200);
          return 1;
        }
      delay(1);
      }
  }
  else
  if ( direct == RIGHT)
  {
    printf("turn right\n");
    turn_big_right();
    delay(200);
    myfreqs.freq1 = 400;
    myfreqs.freq2 =400;
    set_buzzer_freq(myfreqs);
    for (i=0 ; i<x; i++)
    {
       delay(1);
       read(INIO_fd, current_INIO, sizeof current_INIO);
       Flag = tohex(current_INIO);
```

```
        if ( (Fg == 1) && ( Flag & 0x4 ) > 0 )
        {
          stop_buzzer();
          delay(200);
          return 1;
        }
      }
  }
  stop_buzzer();
  return 0;
}
int check_dis_ok(int len)
{
   int dis;
   dis = get_dis();
    if ( dis <= len)
    {
        delay(100);
        dis = get_dis();
       if ( dis <= len)
        {
          return 1;
        }
    }
  return 0;
}
//取得绕过障碍物的方向
int get_direction(void)
{
  int dis;
  int i=0;
  car_back(_back,0);
  car_turn_degree(_turn_R1, RIGHT,0);
  i = 0;
  delay(100);
  i += (get_dis() < MINDIS);
  delay(100);
  i += (get_dis() < MINDIS);
  delay(100);
  i += (get_dis() < MINDIS);
```

```
  if ( i>=2 )
    {
      car_turn_degree(_turn_back_L1, LEFT,1);
      delay(200);
      car_turn_degree(_turn_back_L2, LEFT,0);
      return LEFT;
    }
  car_turn_degree(_turn_L1, LEFT,1);
  return RIGHT;
}
//绕开障碍物
void trun_over_now(int direction)
{
 int other_turn;
 int tmp, i;
  if ( direction==LEFT) other_turn=RIGHT;
  else
  other_turn=LEFT;
    for ( i=0; i<4; i++)
     if ( check_dis_ok(STOPDIS) )
      {
        car_turn_degree(800, direction,0);
        break;
      }
    car_run(_run1,0);  //3500 old
    if (car_turn_degree(_other_turn1, other_turn,0)) return;  //800
    if (car_run(_run2,1)) return;
    if (car_turn_degree(_other_turn2, other_turn,0)) return;  //800
    tmp = 0;
    while(1)
    {
      tmp ++;
      if ( car_run(_run3,1) == 1 ) break;
      if (( tmp<= 3) | (tmp>=8))
       if (car_turn_degree(_round, other_turn,1) == 1) break;  //200 old
       if(tmp > 15)
       {
         printf("tmp=%d\n",tmp);
         stop_buzzer();
         delay(10);
```

```
            forward();
            printf("no_turn\n");
            break;
        }
    }
}
//测距函数
int get_dis(void)
{
  long int out_n, out_n2;
  char current_INIO[8];
  struct timeval start, end;
  int timeuse;
  timeuse = 10000;
  out_n =  10000;
  read(INIO_fd, current_INIO, sizeof current_INIO);
  ioctl( OUTIO_fd, LOW, DIS);
  delayus(10);
  ioctl( OUTIO_fd, HIGHT, DIS);
  delayus(10);
  ioctl( OUTIO_fd, LOW, DIS);
  while(  (out_n > 0) && (current_INIO[7]!='1'))
  {
    out_n--;
    read(INIO_fd, current_INIO, sizeof current_INIO);
  }
  if ( out_n > 0 )
  {
    out_n = 2*1000;//10000000;
    gettimeofday( &start, NULL );
    while( ((out_n--) > 0) && (current_INIO[7]=='1'))
     {
      read(INIO_fd, current_INIO, sizeof current_INIO);
     }
    gettimeofday( &end, NULL );
    timeuse = 1000000 * ( end.tv_sec - start.tv_sec ) + end.tv_usec - start.tv_usec;
  }
  if ( timeuse > 5)
```

```
  return ( timeuse);
  else
  return 4000;
}
void write_cpflag(int img_cn)
{
  FILE* fp;
  static char tmp=0;
  char str[50];
  if (tmp++ == 0)
    fp = fopen("/www/cpflag.txt", "w+");
  else
    fp = fopen("/www/cpflag.txt", "a");
  sprintf(str,"img%d\n",img_cn);
  fputs(str,fp);
  fclose(fp);
}
//小车转向并拍照取得图像
void turn_get_img( int direction)
{
  int i,o_direction;
  int dis;
  char fname[20];
  i = 0;
  stop_buzzer();
  delay(200);
  car_back(300,0);
  if (direction == LEFT) o_direction=RIGHT;
  else o_direction=LEFT;
    while(1)
    {
       car_turn_degree(400, direction, 0);      //here 300
       delay(200);
        i++;
        delay(500);
        dis = get_dis();
        if (( dis < 300) | (i>2) )
         {
          car_turn_degree(300, direction, 0);
          sprintf(fname, "/www/img%ld.jpg",img_cn);
```

```
            if (img_cn<40)
            {
              delay(500);
              Capture_Image(fname);
              img_cn++;
              SaveHtml(img_cn);
            }
          car_turn_degree(i*300 + 400, o_direction , 1);
          car_run(200,1);
          return;
        }
    }
}
//检测路边是否有探测物体
int check_by_way(int *last_state, unsigned char pin_state, int direction)
{
  int dis;
  if ( (*last_state == NO_IMG) && ( pin_state=='0' ) )  //'0' is on
  {
    delay(200);
    dis = get_dis() ;
    if ( dis > MINDIS)
    {
      //printf("2I am in leftt_INIO5\n");
      turn_get_img(direction);
      *last_state = GET_IMG;
      return 1;
    }
  }
  return 0;
}
//循迹时检测是否有探测物体，有物体则进行拍照等探测
int check_on_way(int *last_state)
{
  int dis, direct;
  static int dis_cn=0;
  int i,cn;
  char fname[20];
  dis = 1000;
```

```
if (dis_cn++ >10)
{
  dis = get_dis() ;
  dis_cn = 0;
  printf("dis: %d \n", dis);
  if ( (*last_state == NO_IMG) && (dis<= STOPDIS) )
  {
    stop_buzzer();
    delay(500);
    for (i=0; i < 2; i++)
    {
      if ( get_dis() <= STOPDIS)
      {
        cn++;
      }
     delay(200);
    }
    if ( cn >=2 )
    {
        delay(2000);  // old :500
        sprintf(fname, "/www/img%ld.jpg",img_cn);
        if (img_cn<40)
        {
          delay(3000);
          Capture_Image(fname);
          img_cn++;
          SaveHtml(img_cn);
        }
        direct = get_direction();
        stop_buzzer();
        trun_over_now(direct);
        car_run(500,0);
        if ( direct == RIGHT)
        {
          turn( BIGRIGHT);
          turn( BIGRIGHT);
          turn( BIGRIGHT);
          turn( BIGRIGHT);
          turn( BIGRIGHT);
          last_turn = BIGRIGHT;
```

```
          }
        else
         {
           turn( BIGLEFT);
           turn( BIGLEFT);
           turn( BIGLEFT);
           turn( BIGLEFT);
           turn( BIGLEFT);
           turn( BIGLEFT);
          last_turn = BIGLEFT;
        }
       *last_state = GET_IMG;
       stop_buzzer();
       if (debug_flag)
       printf("Img Get OK!\n");
       return 1;
      }
    }
  }
  return 0;
}
//自主循迹函数
void getway(void)
{
  char current_INIO[9];
  int now_turn = 0;
  unsigned char Flag, Flag2;
  static int last_INIO7= NO_IMG;         //mid
  static int last_INIO5=NO_IMG;          //left
  static int last_INIO6=NO_IMG;          //right
  static int cn2=0;
  long int tmp=0;
  int cn=0;
  int i;
  static int dis_cn=0;
  read(INIO_fd, current_INIO, sizeof current_INIO);
  Flag = tohex(current_INIO);
  if ( cn2 >0)
    cn2--;
  if ( (cn2 <= 0) )
```

```
  {
    if ( check_by_way(&last_INIO5, current_INIO[5],LEFT) )
    {
      printf("hongwai left\n");
      cn2 = 200;
      last_INIO5 = GET_IMG;
      return;
    }
   last_INIO5 =  NO_IMG;
   if((Flag_END==0)&&check_by_way(&last_INIO6,current_INIO[6],RIGHT))
    {
      printf("hongwai right\n");
      cn2 = 200;
      last_INIO6 = GET_IMG;
      return;
    }
   last_INIO6 =  NO_IMG;
  }
  read(INIO_fd, current_INIO, sizeof current_INIO);
  Flag = tohex(current_INIO);
  now_turn = check_which_turn(Flag);
  turn( now_turn);
  return ;
}

void end_getway(void)
{
   int tmpfd;
   char str[20];
   bzero(strings,400);
   start_check_way = FALSE;
   len_way = 0;
   Flag_END = 0;
}

int check_END(void)
{
  int tmpfd;
  static int end1;
  char str[20];
  char current_INIO[9];
  unsigned char Flag;
```

```
    int i;
    read(INIO_fd, current_INIO, sizeof current_INIO);
    Flag = tohex(current_INIO);
    if ((Flag&0x0E)==0x0E)
      {
        for(i=0;i<8;i++)
        {
         read(INIO_fd, current_INIO, sizeof current_INIO);
         Flag = tohex(current_INIO);
         if ( (Flag&0x0E) == 0x0E )  end1++;
         }
         if( (end1 >= 4) && (get_dis() < 200) )
         {
           delay(200);
           end_getway();
           stop_buzzer();
         }
      }
    return FALSE;
}
//主函数
int main(int argc, char **argv)
{
     myfreqs.freq1 = 10;
     myfreqs.freq2 = 10;
     int tmp=0;
     int dis;
     int tmpfd;
     char str[10];
     open_buzzer();
     openINIO();
     openOUTIO();
     init_18b20();
     while(1)
     {
        while(1)
         {
           tmpfd = open("/www/start.txt", O_RDONLY);
           read(tmpfd,str,10);
           if ( strstr(str,"start") != NULL )
```

```
            {
                end_getway();
                close(tmpfd);
                break;                                  //跳出 while 循环体
            }
          close(tmpfd);
         }
        while(1)
        {
          if ( (tmp++) > 5)
           {
                tmpfd = open("/www/start.txt", O_RDONLY);
                read(tmpfd,str,10);
                if ( strstr(str,"stop") != NULL )
                 {
                   end_getway();
                   stop_buzzer();
                  close(tmpfd);
                  break;                                //跳出 while 循环体
                 }
              close(tmpfd);
            }
         if(len_way == 1500)
           if (check_END() == TURE) break;    //跳出 while 循环体
           getway();
     }
   }
}
Camera.c
#include <stdio.h>
#include <stdlib.h>
#include <unistd.h>
#include <fcntl.h>
#include <jpeglib.h>
#include <string.h>

#define Camdev "/dev/camera"
#define width 640
#define height 512
#define Bpp 16
```

```
    #define RED 0
    #define GREEN 1
    #define BLUE 2
    #define IMG_SIZE width*height*3

    float result=0;
    extern int img_cn;

    void Capture_Image(char *filename);
    void write_JPEG_file (char * filename, unsigned char *img_Buf, int quality,
int img_width, int img_height);
    void rgb5652rgb888(unsigned char *image,unsigned char *image888, int
img_width, int img_height);
    //图片格式转换函数

    void rgb5652rgb888(unsigned char *image,unsigned char *image888, int
img_width, int img_height)
    {
      unsigned char R,G,B;
      int y,x;

      for (y=0;y<img_height;y++)
        for (x=0;x<img_width;x++)
        {
          B =  (*image) & 0x1F;
          G = (*(image +1 )<<3 & 0x38 ) |  (*(image) >>5 );
          R = *(image +1 ) >> 3;
         *image888 = R* 255 / 63;  // 5 bits to 8 bits
         *(image888+1) = G * 255 / 127;
         *(image888+2) = B * 255 / 63;
          image+=2;
          image888+=3;
        }
    }
    //画图函数，将图片保存成 JPEG 格式

    void write_JPEG_file (char * filename, unsigned char *img_Buf, int quality,
int img_width, int img_height)
    {
        struct jpeg_compress_struct cinfo;
        struct jpeg_error_mgr jerr;
        FILE * outfile;
        JSAMPROW row_pointer[1];
```

```
    int row_stride;
    cinfo.err = jpeg_std_error(&jerr);
    jpeg_create_compress(&cinfo);
    if ((outfile = fopen(filename, "wb")) == NULL)
     {
         fprintf(stderr, "can't open %s\n", filename);
         exit(1);             //强制结束程序
     }
    jpeg_stdio_dest(&cinfo, outfile);
    cinfo.image_width = img_width;
    cinfo.image_height = img_height;
    cinfo.input_components = 3;
    cinfo.in_color_space = JCS_RGB;
    jpeg_set_defaults(&cinfo);
    jpeg_set_quality(&cinfo, quality,TRUE); /* limit to baseline-JPEG values */
    jpeg_start_compress(&cinfo, TRUE);
    row_stride = img_width * 3;/* JSAMPLEs per row in image_buffer */
    while (cinfo.next_scanline < cinfo.image_height)
      {
        row_pointer[0] = &img_Buf[cinfo.next_scanline * row_stride];
        (void) jpeg_write_scanlines(&cinfo, row_pointer, 1);
      }
    /* Step 6: Finish compression */
    jpeg_finish_compress(&cinfo);
    /* After finish_compress, we can close the output file. */
    fclose(outfile);
    jpeg_destroy_compress(&cinfo);
    /* And we're done! */
}
//温度初始化函数
int fd_18b20;
void init_18b20()
{
  if ((fd_18b20=open("/dev/DS18B20",O_RDWR | O_NDELAY | O_NOCTTY)) < 0)
  {
    printf("Open Device DS18B20 failed.\r\n");
    exit(1);          //强制结束程序
  }
  else
  {
```

```
    printf("Open Device DS18B20 successed.\r\n");
  }
}
//获取温度
float get_Tc(void)
{
  char buf[2];
  float result=0;
  printf("r=%d\n",result);
  read(fd_18b20, buf, 2);
  result = (float)buf[0];
  result /= 16;
  result += ((float)buf[1] * 16);
  if ((result > 40) | (result < -10))
      result =25.2;
  printf("result=%f\n",result);
  return result;
}
//获取颜色
char* Get_Color(char *Buf24)
{
  int i;
  long Rt, Bt, Gt;
  char R,G,B;
  int Rmax,Bmax,Gmax;
  Rt =0;
  Gt=0;
  Bt=0;
  Rmax =0;
  Bmax = 0;
  Gmax =0;
  for (i=0; i<IMG_SIZE; i+=3)
  {
    R = Buf24[i];
    G = Buf24[i+1];
    B =  Buf24[i+2];
    Rt+=R;
    Bt+=B;
    Gt+=G;
  }
  if ( (Rt>Bt) && (Rt>Gt)) return "RED";
```

```
    if ( (Bt>Rt) && (Bt>Gt)) return "BLUE";
    if ( (Gt>Bt) && (Gt>Rt)) return "GREEN";
  }
  //获取图像
  void Capture_Image(char *filename)
  {
    int Size, count, i;
    int fb;
    unsigned char *Buf, *Buf24, *Buf24Tmp, tmp;
    long int Red;
    unsigned char R,G,B;
    int tt;
    fb = open(Camdev,O_RDWR);
    if (fb < 0 )
    {
      printf("Erro:cannot open Camdev! \n");
    }
    Size = width*height*2;
    Buf = malloc(Size);
    Buf24 = malloc(width*height*3);
    for (i=0;i<6;i++)
      read(fb,&tmp,0);
    count = read(fb,Buf,Size);
    if (count != Size )
      printf("Read Image Erro! \n");
    rgb5652rgb888(Buf,Buf24,width,height);
    sprintf(Color,Get_Color(Buf24));
    printf("Color is %s \n", Color);
    delay(1000);
    write_JPEG_file (filename, Buf24,80, width,height);
    free(Buf);
    free(Buf24);
    free(Buf24Tmp);
    close(fb);
    write_cpflag(img_cn);
  }
```

9.3.5 用 arm_linux 交叉编译程序

首先进入测试程序源代码目录：

```
#cd /tftpboot/lesson_1/
```

然后，使用命令行进行手工交叉编译示例程序：

```
#arm-linux-gcc -o moon_car mooncar.c
```

或者借助编译脚本进行编译：

```
#make
```

最后将生成 moon_car 可执行文件，使用 file 命令可以检查生成的 moon_car 可执行文件是否为 ARM 体系和格式版本，是否是能在开发板上正常运行的可执行文件。

```
[root@ lesson_1]#file moon_car
distance1:ELF 32-bit LSB executable,ARM,version1(SYSV),dynamically linked
(uses shared libs) ,for GUN/Linux2.6.14,not stripped
```

9.3.6　烧写可执行文件

将编译好的可执行文件下载到目标板，采用 NFS 烧写的方法。

如前所述，先搭建好超级终端和 NFS 服务器，然后在命令行输入以下命令（假定服务器的 IP 地址为 192.168.1.123）。

```
#mount -o nolock 192.168.1.123:/home  /mnt
```

挂接成功，就可以进入/mnt 目录进行操作了，在 PCLinux 终端把 moon_car 放到/home 目录，然后在开发板的串口终端执行：

```
#cd /mnt
#./moon_car
```

在超级终端上运行 moon_car，探月小车自动巡航避障并可在远程端查看到拍摄的障碍物照片。

9.3.7　设置开机自动运行程序

借助启动脚本可以设置各种程序开机后自动运行，也可以设置其他系统设置项，这有点类似于 Windows 系统中的 Autobat 自动批处理文件，启动脚本位于开发板的/etc/init.d/rcS，内容如下（实际内容可能与此不完全一致）。

```
#! /bin/sh
PATH=/sbin:/bin:/usr/sbin:/usr/bin:/usr/local/bin:
runlevel=S
prevlevel=N
umask 022
export PATH runlevel prevlevel
#
# Trap CTRL-C &c only in this shell so we can interrupt subprocesses.
```

```
#
…………………….
/bin/qtopia &
echo " " > /dev/tty1
echo "Starting Qtopia, please waiting..." > /dev/tty1
cd /dev
insmod /home/newpwm.ko
insmod /home/OUTIO.ko
mknod OUTIO c 101 12
/etc/rc.d/init.d/moon_car start
```

tty 设备包括虚拟控制台、串口及伪终端设备。利用> /dev/tty1 将输出重定向到 tty1（显示屏），在当前的终端中输入：echo "hello" > /dev/tty，都会直接显示在当前的终端中。根据屏幕上的显示可以看到执行了哪些操作，最后才加载 qtopia。有些程序需要添加&来使其在后台执行，如加载 qtopia，可以尝试把开机启动的程序放到/etc/rc.d/init.d/中，程序在开机后自动运行，就像在超级终端中输入命令后的结果一样。例如，在脚本最后一行添加的/etc/rc.d/init.d/moon_car start 就是开机直接运行/etc/rc.d/init.d/目录下的 moon_car 可执行文件。

9.4　考核评价

任务 1　小车自主漫游避障

要求：利用红外和超声波功能编写自主漫游避障程序，并完成探月小车行进和避障功能的算法，具体算法可进行一定创新。下载烧写程序，期间还能够自主排查错误并跟踪调试。能用专业语言正确流利地展示项目成果，思路清晰、有条理，能圆满回答老师与同学提出的问题；项目总结报告格式符合标准，内容完整，有详细过程记录和分析，并能提出一些新的建议。

任务 2　小车自主漫游避障及障碍物图像采集

要求：利用红外和超声波功能编写自主漫游避障程序，并配合 camera 对障碍物进行图像采集，具体算法可进行一定创新。下载烧写程序，期间还能够自主排查错误并跟踪调试。能用专业语言正确流利地展示项目成果，思路清晰、有条理，能圆满回答老师与同学提出的问题；项目总结报告格式符合标准，内容完整，有详细过程记录和分析，并能提出一些新的建议。

任务3　小车自主漫游避障、障碍物图像采集及环境温度采集

要求：配合红外、超声波、camera 和 DS-18B20 温度传感器编写自主漫游避障程序，并在遇到障碍物时进行图像采集和温度测量。完成探月小车行进和避障功能的算法，具体算法可进行一定创新。能够独立下载烧写程序，期间还能够自主排查错误并跟踪调试。能用专业语言正确流利地展示项目成果，思路清晰、有条理，能圆满回答老师与同学提出的问题；项目总结报告格式符合标准，内容完整，有详细过程记录和分析，并能提出一些新的建议。

附录A　C语言概要归纳

A.1　条件控制语句

C 语言中提供 if 语句和 switch 语句选择结构，if 语句用于两者选一的情况，而 switch 语句用于多分支选一的情况。

A.1.1　if 语句

（1）if 语句的两种基本形式。

首先通过实例了解选择结构的意义及设计方法。

【例 A-1】　输入三个数，找出并打印其最小数。

分析：设三个数为 A、B、C，由键盘读入，用一个变量 MIN 来标识最小数，A、B、C 与 MIN 皆定义为 int 型变量。每次比较两个数，首先比较 A 和 B，将其中较小的一个赋给 MIN，再把第三个数 C 与 MIN 比较，再将其中较小的一个赋给 MIN，则最后 MIN 即为 A、B、C 中最小的数。算法如下。

① 输入 A、B、C；

② 将 A 与 B 中小的一个赋给 MIN；

③ 将 MIN 与 C 中较小的一个赋给 MIN；

④ 输出 MIN。

将第②步细化为：若 $A < B$，则 $MIN=A$，否则：$MIN=B$；其流程图如图A-1 所示。

将第③步细化为：若 $C<MIN$，则 $MIN=C$；其流程图如图A-2 所示。

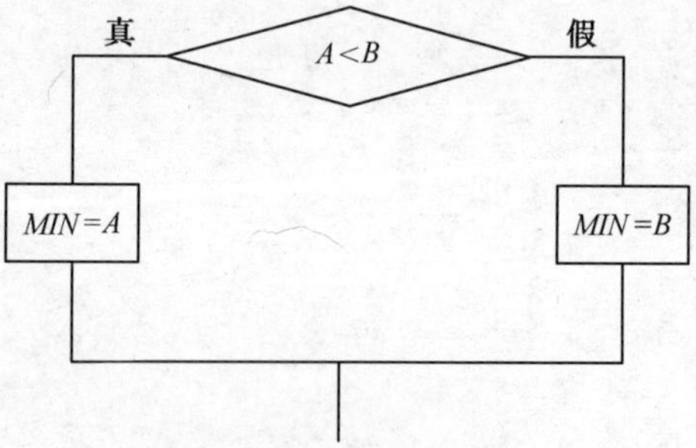

图 A-1　例 1 中第②步流程图

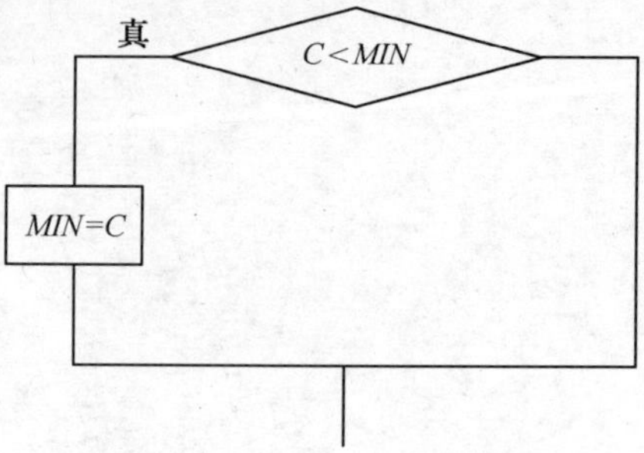

图 A-2　例 1 中第③步流程图

对应图 A-1 和图 A-2，正是 if 语句的两种基本形式。与图 A-2 对应的 if 语句的格式为：

```
if<表达式>语句
```

当表达式为真时，执行语句，表达式为假时，跳过语句。

与图 A-1 对应的 if 语句的格式为：

```
if<表达式>
语句 1
else
语句 2
```

当表达式为真时执行语句 1，表达式为假时执行语句 2。无论如何，语句 1 与语句 2 每次只能有一个被执行。

要注意的是，if 或 if…else，包括后面要讲到的嵌套 if，即 if…elseif…被看成是一条语句，即使其中的语句是包含多条语句的复合语句，仍然如此。

下面是例 A-1 的源程序。

```
main()
{
    inta,b,c,min;
    printf("input a,b,c:");
    scanf("%d%d%d",&a,&b,&c);
    if(a<b)
      min=a;
    else
      min=b;
    if(c<min)
      min=c;
    printf("The result is%d\n",min);
    }
```

执行情况如下。

```
RUN
Input a,b,c:3 5 2
The result is:2
```

书写程序时要注意缩排问题，所谓缩排，就是下一行与上一行相比，行首向右缩进若干字符，如上例的 min=a、min=b 等。适当的缩排能使程序的结构层次清晰、一目了然，增加程序的易读性。应该从一开始就养成一个比较好的书写习惯，包括必要的注释、适当的空行及缩排。

（2）复合语句。

if 语句中，有时需要执行的语句不止一条，这就要用到复合语句。

所谓复合语句，就是用一对花括号括起来的一条或多条语句，形式如下。

```
{
语句 1;
语句 2;
……
语句 n;
}
```

无论包括多少条语句，复合语句从逻辑上讲，被看成是一条语句。

复合语句在分支结构、循环结构中，使用十分广泛。

【例 A-2】 读入两个数 x、y，将大数存入 x，小数存入 y。

分析：x、y 从键盘读入，若 $x \geqslant y$，只需顺序打出，否则，应将 x，y 中的数进行交换，然后输出。两数交换必须使用一个中间变量 t，定义三个浮点数 x、y、t。算法如下。

① 读入 x、y;

② 大数存入 x，小数存入 y;

③ 输出 x、y。

第②步求精：若 $x<y$，则交换 x 与 y。

再求精，x 与 y 交换。

$t=x$

$x=y$

$y=t$

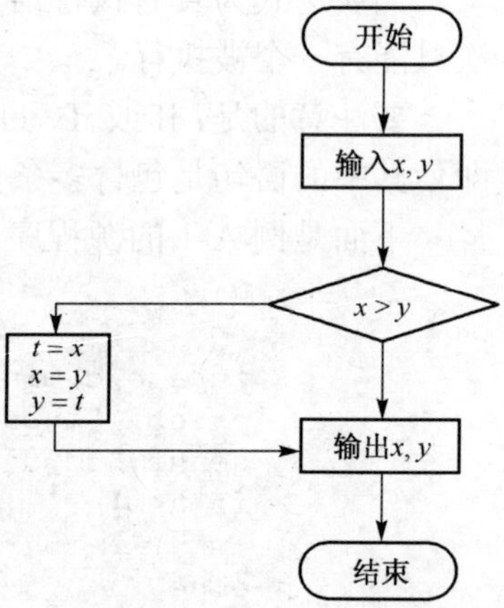

图 A-3 例 A-2 算法流程图

算法的流程图如图A-3 所示，程序如下。

```
#include<stdio.h>
main()
{
    floatx,y,t;
    t=x;
    x=y;
    y=t;
    printf("inputx,y:");
    scanf("%f%f",&x,&y);
    if(x<y)
    {
        printf("result:%7.3f\t%7.3f\n",x,y);
    }
}
```

执行结果如下。

```
inputx,y:43.256.7
result:56.70043.200
```

（3）if…elseif 语句。

实际应用中常常面对更多的选择，这时，将 if…else 扩展一下，就得到 if…elseif 结构，其一般形式如下。

```
if<表达式 1>
语句 1
elseif<表达式 2>
语句 2
elseif<表达式 3>
语句 3
else 语句 4
```

对应的流程图如图A-4 所示。

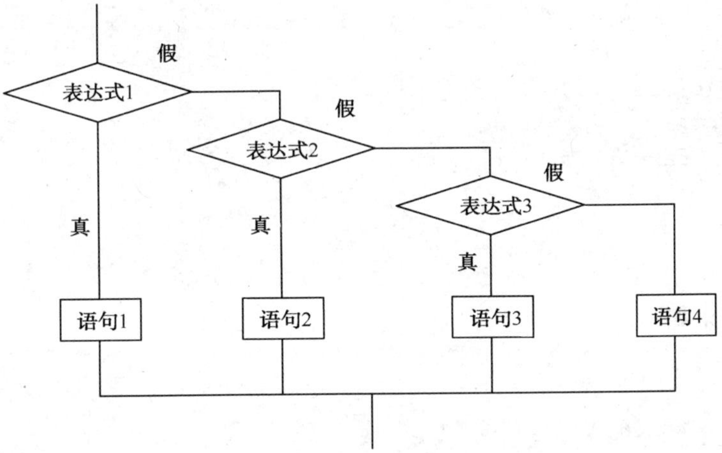

图 A-4　if…elseif 语句流程图

【例 A-3】　货物征税问题，价格在 1 万元以上的征 5%，5000 元以上 1 万元以下的征 3%，1000 元以上 5000 以下的征 2%，1000 元以下的免税。读入货物价格，计算并输出税金。

分析：读入 price，计算 tax，这是一个较复杂的分支结构程序设计（应注意避免重复征税）。假定货物的价格在 1 万元以上，征税应分段累计，各段采用不同税率进行征收。

算法：若 price≥10000

则 tax=0.05×（price–10000）；price=10000；

否则，若 price≥5000

则 tax=0.03×（price–5000）+ tax；price = 5000；

否则，若 price≥1000

则 tax=0.02×（price–1000）+ tax；price = 1000；

程序如下。

```
#include<stdio.h>
main()
{
    floatprice,tax=0;
    printf("inputprice:");
    scanf("%f",&price);
    if(price>=10000.0)
      {
        tax=0.05*(price-10000)+tax;price=10000;
      }
    if(price>=5000.0)
      {
        tax=0.03*(price-5000)+tax;price=5000;
      }
    if(price>=1000.00)
      {
        tax=0.02*(price-1000)+tax;
      }
    printf("the tax=%10.3f",tax);
}
```

运行程序结果如下。

```
RUN
15000
the tax=480.000
```

（4）if 语句嵌套。

在一个 if 语句中可以出现另一个 if 语句，称为 if 语句的嵌套或多重 if 语句。格式如下。

```
if<表达式 1>
if<表达式 1 1>
…
else
语句 2;
```

【例 A-4】 计算函数

$$\begin{cases} 1 & x>0 \\ y=0 & x=0 \\ -1 & x<0 \end{cases}$$

流程图如图A-5 所示。

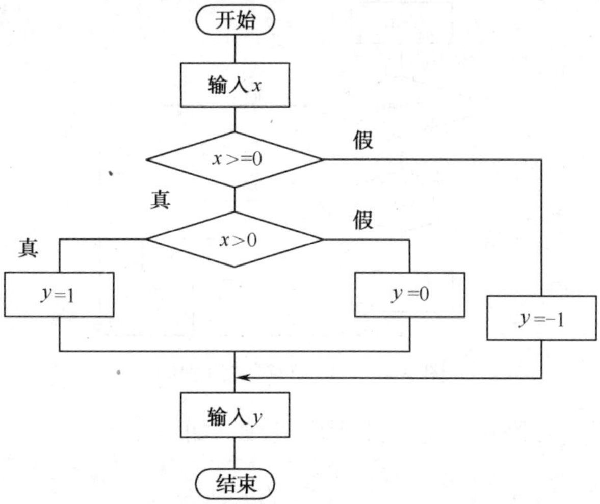

图 A-5　流程图

源程序如下。

```
main()
{
    floatx,y;
    printf("inputx,y:");
    scanf("%f",&x);
    if(x>=0)
    if(x>0)
    y=1;
    else
    y=0;
    else
    y=-1;
    printf("y=%4.0f\n",y);
}
```

对多重 if，最容易犯的错误是 if 与 else 配对错误，例如，写成如下形式。

```
y=0;
if(x>=0)
if(x>0)
y=1;
else
y=-1;
```

从缩排上可以看出，设计者希望 else 是与 if x>=0 配对，但是C 语言规定 else 总是与离它最近的上一个 if 配对，结果上述算法的流程图实际变成如图 A-6 所示，完全违背了设计者的初衷，是错误的算法。

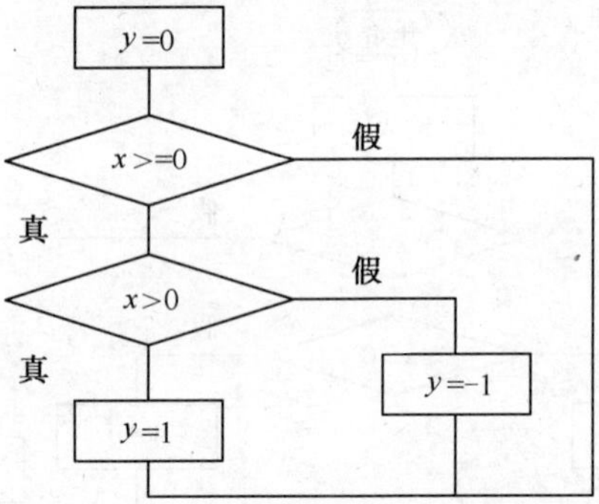

图 A-6　错误的算法流程图

改进的办法是使用复合语句，将上述程序段改写如下。

```
y=0;
if (x>=0)
{
    if (x>0)
    y=1;
}
else
y=-1;
```

A.1.2　switch 语句

if 语句只能处理两者选择其一的情况，当要实现几种可能之一时，就要用 if…elseif 甚至多重的嵌套 if 来实现，当分支较多时，程序变得复杂冗长，可读性降低。C 语言提供了 switch 开关语句专门处理多路分支的情形，使程序变得简洁。

switch 语句的一般格式为：

```
switch<表达式>
case 常量表达式 1：语句序列 1；
break;
case 常量表达式 2：语句序列 2；
break;
……
case 常量表达式 n:语句 n;
break;
default:语句 n+1;
```

其中，常量表达式的值必须是整型、字符型或者枚举类型，各语句序列允许有多条语句，不需要按复合语句处理，若语句序列 *i* 为空，则对应的 break 语句可去掉。

如图 A-7 所示是 switch 语句的流程图。

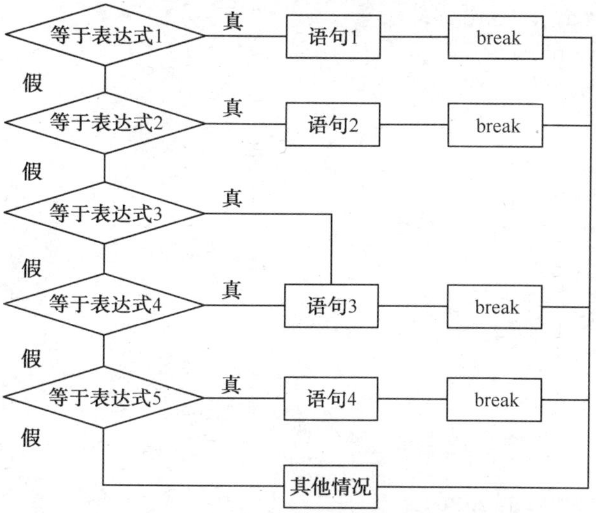

图 A-7　switch 语句流程图

特殊情况下，如果 switch 表达式的多个值都需要执行相同的语句，可以采用下面的格式。

```
switch(i)
{
case1:
case2:
case3:语句 1;
break;
case4:
case5:语句 2;
break;
default:语句 3;
}
```

当整型变量 *i* 的值为 1、2 或 3 时，执行语句 1，当 *i* 的值为 4 或 5 时，执行语句 2，否则，执行语句 3。

【例 A-5】　输入月份，打印 1999 年的某月有多少天。

程序如下。

```
#include<stdio.h>
main()
{
    int month;
    int day;
    printf("please input the month number:");
```

```
    scanf("%d",&month);
    switch(month)
    {
        case 1:
        case 3:
        case 5:
        case 7:
        case 8:
        case 10:
        case 12:day=31;
        break;
        case 4:
        case 6:
        case 9:
        case 11:day=30;
        break;
        case 2:day=28;
        break;
        default:day=-1;
    }
  if day=-1
    printf("Invalid month input !\n");
    else
    printf("1999.%dhas%ddays\n",month,day);
}
```

程序应用举例如下。

【例 A-6】 解一元二次方程 $ax^2+bx+c=0$，a、b、c 由键盘输入。

分析：对系数 a、b、c 考虑以下情形。

1）若 $a=0$：

① $b\neq 0$，则 $x=-c/b$；

② $b=0$，又有两种情形。

- $c=0$，则 x 无定根；
- $c\neq 0$，则 x 无解。

2）若 $a\neq 0$；

① $b^2-4ac>0$，有两个不等的实根；

② $b^2-4ac=0$，有两个相等的实根；

③ $b^2-4ac<0$，有两个共轭复根。

用嵌套的 if 语句完成。程序如下。

```
#include<math.h>
#include<stdio.h>
main()
{
    float a,b,c,s,x1,x2;
    doublet;
    printf("please input a,b,c:");
    scanf("%f%f%f",&a,&b,&c);
    if(a==0.0)
      if(b!=0.0)
        printf("the root is:%f\n",-c/b);
      elseif(c==0.0)
        printf("x is inexactive\n");
    else
    printf("no root !\n");
    else
    {
      s=b*b-4*a*c;
      if(s>=0.0)
          if(s>0.0)
            {
                t=sqrt(s);
                x1=-0.5*(b+t)/a;
                x2=-0.5*(b-t)/a;
                printf("There are two different roots:%fand%f, \xn1",x2);
                }
            else
                printf("There are two equal roots:%f\n",-0.5*b/a);
    else
      {
        t=sqrt(-s);
        x1=-0.5*b/a;/*实部*/
        x2=abs(0.5*t/a);/*虚部的绝对值*/
        printf("There are two virtual roots:");
        printf("%f+i%f\t\t%f-i%f\n",x1,x2,x1,x2);
    }
    }
}
```

运行结果如下。

```
RUN
please input a,b,c:123
There are two virtual roots:
-1.000000+i1.000000-1.000000-i1.000000
RUN
pleaseinputa,b,c:253
There are two different roots:-1.500000and-1.000000
RUN
please input a,b,c:003
No root!
```

A.2 循环语句

循环结构是程序中一种很重要的结构。其特点是，在给定条件成立时，反复执行某程序段，直到条件不成立为止。给定的条件称为循环条件，反复执行的程序段称为循环体。C 语言提供了多种循环语句，可以组成各种不同形式的循环结构。

A.2.1 while 语句

while 语句分为基本 while 语句和 do…while 语句。

（1）基本 While 语句的一般形式如下。

```
while（表达式）
语句;
```

其中，表达式是循环条件，语句为循环体。

while 语句的语义是：计算表达式的值，当值为真（非 0）时，执行循环体语句。While 语句流程图如图A-8所示。

【例 A-7】 统计从键盘输入一行字符的个数。

分析：本例程序中的循环条件为 getchar（）!='\n'，其意义是， 只要从键盘输入的字符不是回车就继续循环。循环体 *n*++完成对输入字符个数的计数，从而程序实现了对输入一行字符的字符个数计数。

流程图如图 A-9 所示。

程序如下。

```
#include <stdio.h>
void main()
{
int n=0;
printf("input a string:\n");
```

```
while(getchar()!='\n') n++;
printf("%d",n);
}
```

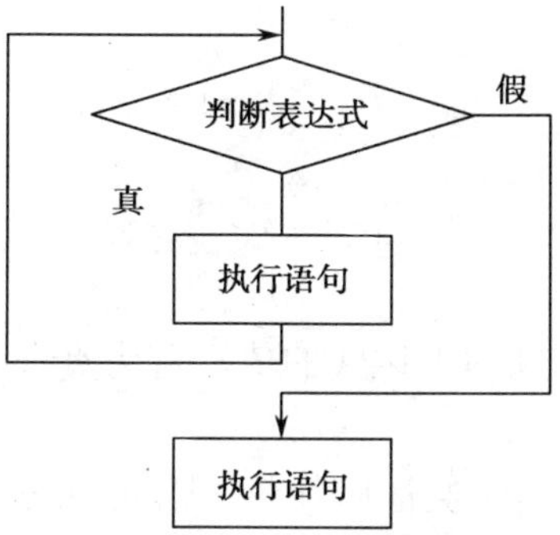

图 A-8　while 语句流程图

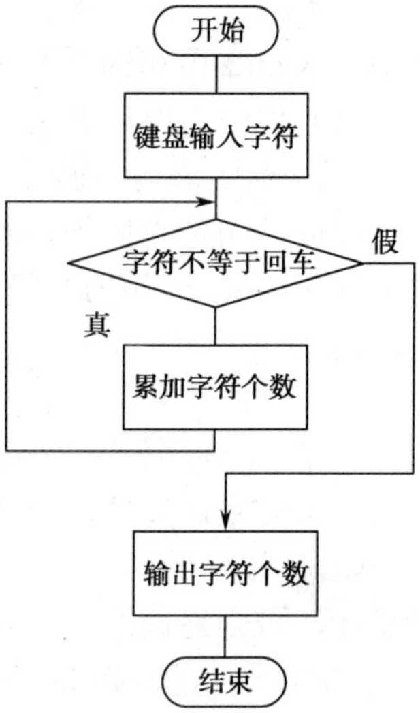

图 A-9　统计键盘输入字符个数程序流程图

使用while 语句应注意以下几点。

① while 语句中的表达式一般是关系表达式或逻辑表达式，只要表达式的值为真（非 0）即可继续循环。

```
void main()
{
    int a=0,n;
    printf("\n input n: ");
    scanf("%d",&n);
    while (n--)
    printf("%d ",a++*2);
    }
```

本例程序将执行 *n* 次循环，每执行一次，*n* 值减 1。循环体输出表达式“*a*++*2”的值。该表达式等效于“*a**2；*a*++”。

② 循环体如包括有一个以上的语句，则必须用{}括起来，组成复合语句。

③ 应注意循环条件的选择以避免死循环。例如下面程序即形成死循环。

```
void main()
{
```

```
    int a,n=0;
    while(a=5)
    printf("%d ",n++);
}
```

本例中 while 语句的循环条件为赋值表达式 a=5，因此该表达式的值永远为真，而循环体中又没有其他中止循环的手段，因此该循环将无休止地进行下去，形成死循环。

④ 允许 while 语句的循环体又是 while 语句，从而形成双重循环。

⑤ while 语句是先执行判断条件，满足再执行循环体内语句。

（2）do…while 语句的一般形式如下。

```
do
    语句;
while（表达式）;
```

其中，语句是循环体，表达式是循环条件。

do…while 语句的语义是：先执行循环体语句一次，再判别表达式的值，若为真（非 0）则继续循环，否则终止循环。

do…while 语句和 while 语句的区别在于：do…while 是先执行后判断，因此 do…while 至少要执行一次循环体；而 while 是先判断后执行，如果条件不满足，则一次循环体语句也不执行。

do…while 流程图如图A-10 所示。

while 语句和 do…while 语句一般都可以相互改写。

【例 A-8】 用 do…while 语句完成从键盘输入 *n* 的值，输出 *a* 自加乘 2，判断– –n 是否为零，不为零继续循环，否则结束程序。

分析：本例程序中的循环条件为 *n*!=0，其意义是，只要从键盘输入的变量 *n* 自减不等于 0，就继续循环，并输出 *a* 自加乘 2 的值。

流程图如图A-11 所示。

程序如下。

```
void main()
{
    int a=0,n;
    printf("\n input n: ");
    scanf("%d",&n);
    do printf("%d ",a++*2);
    while (--n);
}
```

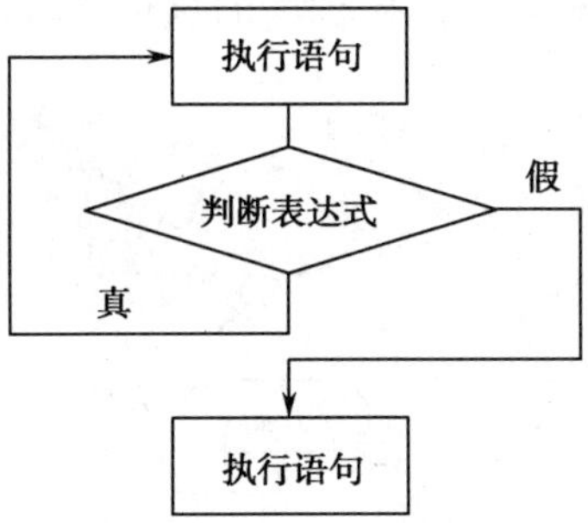

图 A-10　do…while 语句流程图

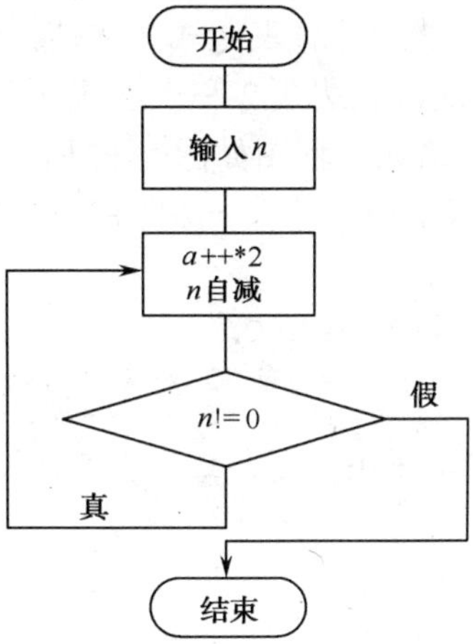

图 A-11　例 A-8 程序流程图

在本例中，循环条件应改为– –n，否则将多执行一次循环。这是由于先执行后判断而造成的。

对于do…while 语句还应注意以下几点。

① 在 if 语句和 while 语句中，　表达式后面都不能加分号，而在 do-while 语句的表达式后面则必须加分号。

② do…while 语句也可以组成多重循环，而且也可以和 while 语句相互嵌套。

③ 在 do 和 while 之间的循环体由多个语句组成时，必须用{}括起来组成一个复合语句。

④ do…while 和 while 语句相互替换时，要注意修改循环控制条件。

A.2.2　for 语句

for 语句是 C 语言所提供的功能更强、使用更广泛的一种循环语句。其一般形式如下。

```
for（表达式 1；表达式 2；表达 3）
    语句；
```

表达式 1：通常用来给循环变量赋初值，一般是赋值表达式。也允许在 for 语句外给循环变量赋初值，此时可以省略该表达式。

表达式 2：通常是循环条件，一般为关系表达式或逻辑表达式。

表达式 3：通常可用来修改循环变量的值，一般是赋值语句。

这三个表达式都可以是逗号表达式，即每个表达式都可由多个表达式组成。三个表达式都是任选项，都可以省略。

一般形式中的“语句”即为循环体语句。for 语句的语义如下。

① 首先计算表达式 1 的值；

② 再计算表达式 2 的值，若值为真（非 0）则执行循环体一次，否则跳出循环。

③ 然后计算表达式 3 的值，转回第②步重复执行。在整个 for 循环过程中，表达式 1 只计算一次，表达式 2 和表达式 3 则可能计算多次。循环体可能多次执行，也可能一次都不执行。for 语句流程图如图A-12 所示。

用 for 语句计算 s=1+2+3+…+99+100 的值。程序实例如下。该程序的执行过程流程图如图 A-13 所示。

```
int n,s=0;
for(n=1;n<=100;n++)
s=s+n;
printf("s=%d\n",s);
```

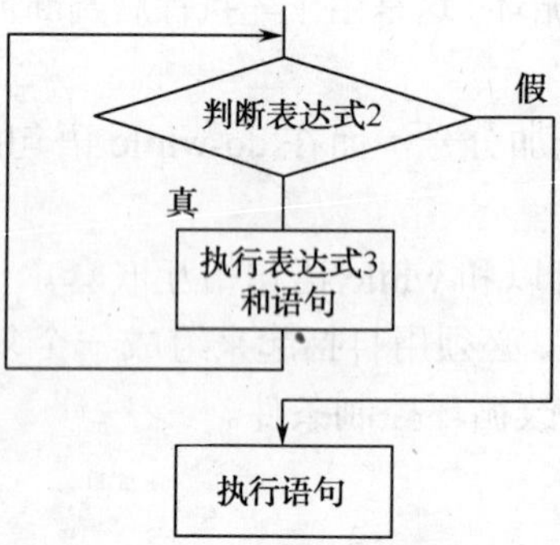

图 A-12　for 语句流程图

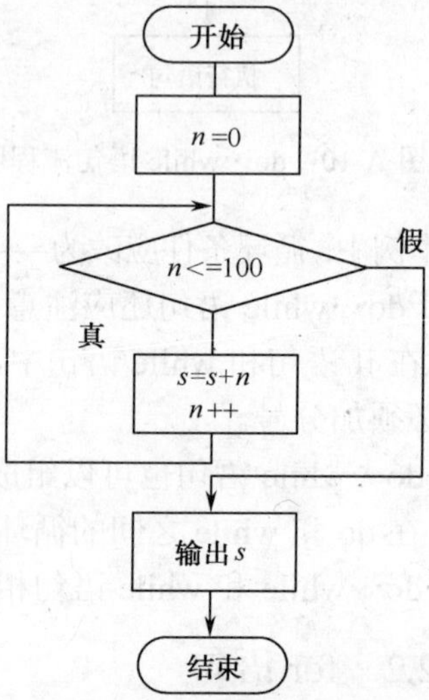

图 A-13　for 语句范例执行过程流程图

本例中 for 语句中的表达式 3 为 n++，实际上也是一种赋值语句，相当于 n=n+1，以改变循环变量的值。

```
void main()
{
    int a=0,n;
    printf("\n input n: ");
    scanf("%d",&n);
    for(;n>0;a++,n--)
    printf("%d ",a*2);
}
```

用 for 语句修改上面的例子。从 0 开始，输出 n 个连续的偶数。

```
int a=0,n;
printf("\n input n: ");
```

```
scanf("%d",&n);
for(;n>0;a++,n--)
printf("%d ",a*2);
```

本例的 for 语句中，表达式 1 已省去，循环变量的初值在 for 语句之前由 scanf 语句取得，表达式 3 是一个逗号表达式，由 *a*++，*n*－－两个表达式组成。每循环一次 *a* 自增 1，*n* 自减 1。*a* 的变化使输出的偶数递增，*n* 的变化控制循次数。

在使用 for 语句时要注意以下几点

① for 语句中的各个表达式都可省略，但分号间隔符不能省。例如：

```
for（；表达式；表达式）省去了表达式 1；
for（表达式；；表达式）省去了表达式 2；
for（表达式；表达式；）省去了表达式 3；
for（；；）省去了全部表达式。
```

② 在循环变量已赋初值时，可省去表达式 1。

③ 若省去表达式 2 或表达式 3，则将造成无限循环，这时应在循环体内设法结束循环。下面的程序即属于此情况。

```
void main()
{
int a=0,n;
printf("\n input n: ");
scanf("%d",&n);
for(;n>0;)
    {
        a++;n--;
        printf("%d ",a*2);
    }
}
```

上例中省略了表达式 1 和表达式 3，由循环体内的 *n*－－语句进行循环变量 *n* 的递减，以控制循环次数。

```
void main()
{
int a=0,n;
printf("\n input n: ");
scanf("%d",&n);
for(;;){
a++;n--;
printf("%d ",a*2);
if(n==0)break;
}
}
```

上例中 for 语句的表达式全部省去。由循环体中的语句实现循环变量的递减和循环条件的判断。当 *n* 值为 0 时，由 break 语句中止循环，转去执行 for 以后的程序。在此情况下，for 语句已等效于 while（1）语句。如在循环体中没有相应的控制手段，则造成死循环。

循环体可以是空语句。例如：

```
#include"stdio.h"
void main()
{
    int n=0;
    printf("input a string:\n");
    for(;getchar()!='\n';n++);
        printf("%d",n);
}
```

上例中，省去了 for 语句的表达式 1，表达式 3 也不是用来修改循环变量，而是用做输入字符的计数。这样，就把本应在循环体中完成的计数放在表达式中完成了，因此循环体是空语句。应注意的是，空语句后的分号不可少，如缺少此分号，则把后面的 printf 语句当成循环体来执行。反过来说，如循环体不为空语句时，绝不能在表达式的括号后加分号，这样又会认为循环体是空语句而不能反复执行。这些都是编程中常见的错误，要特别注意。

for 语句也可与 while、do…while 语句相互嵌套，构成多重循环。

A.3 函数

A.3.1 函数的定义

一个函数包括函数头和语句体两部分。

函数头由三部分组成，分别为函数返回值类型；函数名；参数表。

一个完整的函数形式如下。

```
函数返回值类型 函数名（参数表）
{
   语句体;
   }
```

函数返回值类型可以是某个数据类型或者是某个数据类型的指针、指向结构的指针、指向数组的指针。

函数名在程序中必须是唯一的，它也遵循标识符命名规则。

参数表可以没有也可以有多个，在函数调用的时候，实际参数将被复制到这些变量中。语句体包括局部变量的声明和可执行代码。

A.3.2　函数的声明和调用

为了调用一个函数，必须事先声明该函数的返回值类型和参数类型，这和使用变量的道理是一样的（有一种可以例外，就是函数的定义在调用之前）。

示例如下。

```
void a();                /*函数声明
main()
{
    a();                 /*函数调用*/
}

void a()                 /*函数定义*/
{
    int num;
    scanf(%d,&num);
    printf(%d\n,num);
}
```

在 main（）的前面声明了一个函数，函数类型是 void 型，函数名为 a，无参数。然后在 main（）函数里面调用这个函数，该函数的作用很简单，就是输入一个整数然后再显示它。在调用函数之前声明了该函数，其实它和下面这个程序的功能是一样的。

```
main()
{
    int num;
    scanf(%d,&num);
    printf(%d\n,num);
}
```

可以看出，实际上就是把 a（）函数里面的所有内容直接搬到 main（）函数里面（注意，这句话不是绝对的）。

如前所述，当定义在调用之前时，可以不声明函数。所以上面的程序和下面的程序也是等价的。

```
void a()
{
    int num;
    scanf(%d,&num);
    printf(%d\n,num);
}
main()
{
    a();
}
```

因为定义在调用之前，所以可以不声明函数，这是因为编译器在编译的时候，已经发现 a 是一个函数名，是无返回值类型无参数的函数了。

很多人也许会想，那何必还要声明这一步呢？只要把所有函数的定义都放在前面不就可以了吗？这种想法是不可取的，一个好的程序员总是在程序的开头声明所有用到的函数和变量，这是为了以后检查方便。

如前所述，在调用之前，必须先声明函数，所以下面的做法也是正确的。

```
main()
{
    void a();
    a();
}
void a()
{
    int num;
    scanf(%d,&num);
    printf(%d\n,num);
}
```

一般来说，比较好的程序书写顺序是，先声明函数，然后写主函数，然后再写自定义的函数。

既然 main（）函数可以调用别的函数，那么已经定义的函数能不能再调用其他函数呢？答案是可以的。示例如下。

```
void a();
void b();
main()
{
    a();
}
void a()
{
    b();
}
void b()
{
    int num;
    scanf(%d,&num);
    printf(%d\n,num);
}
```

main（）函数先调用 a（）函数，而 a（）函数又调用 b（）函数。在 C 语言里，对调用函数的层数没有严格的限制，但是并不提倡调用的层数太多（除非是递归），因为层数太多，容易混淆且对以后的检查有干扰。

附录 B　安装所需元器件清单

表 B-1　小车的器件清单

器件名称	器件型号	数　量	封　　装	备　　注
主芯片	S3C2440	1	—	5V 供电
光电开关	E3F-SD30C4	2	—	5V 供电
无线网卡	TL-WN321G+	1	—	—
电源	锂电池 YSD-08180	2	—	8.4V
稳压芯片	AS1117-3.3V	2	—	—
稳压芯片	L7805	2	—	—
玩具小车底盘	—	1	—	—
直流电机	PM-33126000-30k	2	—	8V
无极性电容	104	10	0805（贴片）	C1～C10
电解电容	100	2	直插	CE1、CE2
功率电阻	0.22/1W	2	直插（11mm）	R1～R2
电阻	5.1kΩ	1	0805（贴片）	R4
小磁珠	磁珠	3	直插（长约 5mm）	R3、R5、R6 立式安装
整流二极管	1N4007	8	直插	D1～D8 立式安装注意极性
3mm 红色发光二极管	绿色	1	—	D9 需安装散热片
AMS117-5.0 电源稳压 IC	5.0V	1	直插	U2
散热片		1	SOT-223 贴片	M1 与 L298 配套
2 针 2.54 插座	2 针	3	SIP 2.54	J5 J7 J8 带白色塑料外壳
5mm 圆孔电源插座	—	1	XH2.54-2	J4 中心记为正极
5mm 圆孔电源插头	—	1	直插	与 J4 插座
2.54 单排弯针	8 针	1	—	J6 安装时针朝外
2.54 单排直针	2 针	1	SIP 2.54-2 弯针	—
2.54 短跳帽	—	1	SIP2.54-2 直针	—
L298 模块	—	1	SIP 2.54	—
印制电路板	—	1	—	—
芯片	LM358	4	—	
电阻	10kΩ	5	—	循迹模块
	1kΩ	8		循迹模块
	100kΩ	5	—	循迹模块
	2.4kΩ	8	—	循迹模块
光敏电阻	—	5	—	循迹模块

续表

器件名称	器件型号	数量	封装	备注
红色发光二级管	红色	8	—	循迹模块
白色发光二极管	白色	5	—	循迹模块
印制电路板	—	1	—	循迹模块
电容	2.2μF	4	0805	—
	102	3	0805	—
	103	5	0805	—
	104	5	0805	—
电阻	1kΩ	3	0805	—
	10kΩ	7	0805	—
	100	12	0805	—
杜帮线	—	100	—	—

附录 C　调试所需仪器仪表清单

表 C-1　调试所需仪器仪表

名　　称	型号和参数	数　　量
直通铜柱	10mm	20
电路板支架	30mm+6mm	20
螺丝	4.5mm+6mm	20
双面胶	—	2
螺丝螺母	—	20
胶枪	—	1
绝缘胶	—	2
手电钻	—	1
斜口钳	—	1
镊子	—	1
剥线钳	—	1
点胶枪	—	1
尖嘴钳	—	1
焊锡	0.6/0.8/1.0	15
焊锡架	—	15

参 考 文 献

[1] 丁林松，黄丽琴. QT4 图形设计与嵌入式开发. 北京：人民邮电出版社，2009.

[2] 孙琼. 嵌入式 Linux 应用程序开发详解. 北京：人民邮电出版社，2009.

[3] 韩超. 嵌入式 Linux 上的 C 语言编程实践. 北京：电子工业出版社，2009.

《基于 ARM9 的小型机器人制作》读者意见反馈表

尊敬的读者：

感谢您购买本书。为了能为您提供更优秀的教材，请您抽出宝贵的时间，将您的意见以下表的方式（可从 http://www.hxedu.com.cn 下载本调查表）及时告知我们，以改进我们的服务。对采用您的意见进行修订的教材，我们将在该书的前言中进行说明并赠送您样书。

姓名：______________　　电话：______________________

职业：______________　　E-mail：____________________

邮编：______________　　通信地址：__________________

1．您对本书的总体看法是：

□很满意　　□比较满意　　□尚可　　□不太满意　　□不满意

2．您对本书的结构（章节）：□满意　□不满意　　改进意见______________

____

____

3. 您对本书的例题：　□满意　□不满意　　改进意见______________

____

____

4．您对本书的习题：　□满意　□不满意　　改进意见______________

____

____

5．您对本书的实训：　□满意　□不满意　　改进意见______________

____

____

6．您对本书其他的改进意见：

____

____

____

____

7．您感兴趣或希望增加的教材选题是：

____

____

____

请寄：100036　北京市万寿路 173 信箱高等职业教育分社　收

电话：010-88254565　　　E-mail：gaozhi@phei.com.cn

反侵权盗版声明